上海市中等职业学校
印刷媒体技术
专业教学标准

上海市教师教育学院（上海市教育委员会教学研究室）编

上海教育出版社
SHANGHAI EDUCATIONAL
PUBLISHING HOUSE

上海市教育委员会关于印发上海市中等职业学校第六批专业教学标准的通知

各区教育局，各有关部、委、局、控股(集团)公司：

为深入贯彻党的二十大精神，认真落实《关于推动现代职业教育高质量发展的意见》等要求，进一步深化上海中等职业教育教师、教材、教法"三教"改革，培养适应上海城市发展需求的高素质技术技能人才，市教委组织力量研制《上海市中等职业学校数字媒体技术应用专业教学标准》等 12 个专业教学标准(以下简称《标准》，名单见附件)。

《标准》坚持以习近平新时代中国特色社会主义思想为指导，强化立德树人、德技并修，落实课程思政建设要求，将价值观引导贯穿于知识传授和能力培养过程，促进学生全面发展。《标准》坚持以产业需求为导向明确专业定位，以工作任务为线索确定课程设置，以职业能力为依据组织课程内容，及时将相关职业标准和"1＋X"职业技能等级证书标准融入相应课程，推进"岗课赛证"综合育人。

《标准》正式文本由上海市教师教育学院(上海市教育委员会教学研究室)另行印发，请各相关单位认真组织实施。各学校主管部门和相关教育科研机构要根据《标准》加强对学校专业教学工作指导。相关专业教学指导委员会、师资培训基地等要根据《标准》组织开展教师教研与培训。各相关学校要根据《标准》制定和完善专业人才培养方案，推动人才培养模式、教学模式和评价模式改革创新，加强实验实训室等基础能力建设。

附件：上海市中等职业学校第六批专业教学标准名单

上海市教育委员会

2023 年 6 月 17 日

附件

上海市中等职业学校第六批专业教学标准名单

序号	专业教学标准名称	牵头开发单位
1	数字媒体技术应用专业教学标准	上海信息技术学校
2	首饰设计与制作专业教学标准	上海信息技术学校
3	建筑智能化设备安装与运维专业教学标准	上海市西南工程学校
4	商务英语专业教学标准	上海市商业学校
5	城市燃气智能输配与应用专业教学标准	上海交通职业技术学院
6	幼儿保育专业教学标准	上海市群益职业技术学校
7	新型建筑材料生产技术专业教学标准	上海市材料工程学校
8	药品食品检验专业教学标准	上海市医药学校
9	印刷媒体技术专业教学标准	上海新闻出版职业技术学校
10	连锁经营与管理专业教学标准	上海市现代职业技术学校
11	船舶机械装置安装与维修专业教学标准	江南造船集团职业技术学校
12	船体修造技术专业教学标准	江南造船集团职业技术学校

CONTENTS

第二部分
上海市中等职业学校印刷媒体技术专业必修课程标准

第一部分

PART 1

上海市中等职业学校
印刷媒体技术专业教学标准

专业名称（专业代码）

印刷媒体技术(680301)

入学要求

初中毕业或相当于初中毕业文化程度

学习年限

三年

培养目标

本专业坚持立德树人、德技并修、学生德智体美劳全面发展,主要面向出版与包装产品印制生产、应用和服务等企事业单位,培养具有良好的思想品德和职业素养,必备的文化和专业基础知识,能从事印前图文处理及输出、印刷与印后设备操作、印后加工制作及处理、印刷质量检测与控制等相关工作,具有职业生涯发展基础的知识型、发展型技术技能人才。

职业范围

序号	职业领域	职业（岗位）	职业技能等级证书 （名称、等级、评价组织）
1	印前制作	印前处理和制作员	● 印前处理和制作员职业技能等级证书（五级/四级） 评价组织:上海新闻出版职业技术学校

（续表）

序号	职业领域	职业（岗位）	职业技能等级证书 （名称、等级、评价组织）
2	印刷生产服务	印刷操作员	● 印刷操作员职业技能等级证书（五级/四级） 评价组织：上海新闻出版职业技术学校
3	印后加工服务	印后制作员	● 印后制作员职业技能等级证书（五级/四级） 评价组织：上海新闻出版职业技术学校

人才规格

1. 职业素养

- 具有正确的世界观、人生观、价值观，深厚的家国情怀，良好的个人品德，衷心拥护党的领导和我国社会主义制度。
- 具有爱岗敬业、精益求精、乐于奉献、敢于承担的职业精神。
- 具有严谨细致、静心专注、认真执着、吃苦耐劳的工匠精神和职业态度。
- 具有遵纪守法意识，自觉遵守印刷行业相关职业道德和法律法规。
- 具有敏锐的艺术鉴赏力、洞察力以及良好的艺术修养。
- 严格遵守操作规范，养成良好的安全操作习惯及标准意识。
- 具备低碳环保、爱护环境的意识。
- 具备较强的动手能力及应变能力。
- 具备较强的语言表达、沟通与团队协作、社会活动等能力。

2. 职业能力

- 能区分原稿，并使用图像处理软件对原稿进行颜色校正。
- 能根据不同色调的原稿正确地选用网点形状、设定加网参数。
- 能使用图形、图像软件进行印前图形设计制作及图像处理。
- 能按印刷要求进行图形、图像、文字完稿处理及存储。
- 能根据印品要求使用图文排版软件进行印前排版制作。
- 能按照工艺要求完成印前检查及文件输出。
- 能辨别各种印刷材料并对其进行印刷适性测试。
- 能根据印刷品的特点、用途、成本选择合适的印刷材料。
- 能进行专色油墨调配。
- 能按照要求操作常用印刷设备并获取样张。

- 能排除常用印刷设备的常见故障。
- 能对常用印刷设备进行调试、维护及保养。
- 能根据国家质量标准对印刷品进行质量分析和控制。
- 能按需求制作印刷生产工艺单,并选择合适的印刷工艺方式。
- 能应用数字化工作流程软件对印刷过程进行数字化控制。
- 能按照要求操作各类印后设备并对其进行调试、维护及保养。
- 能按照要求完成各类印刷品的后加工处理。

▍主要接续专业

高等职业教育专科:数字印刷技术(480301)、印刷媒体技术(480302)、印刷数字图文技术(480303)、印刷设备应用技术(480304)、数字图文信息处理技术(560101)

高等职业教育本科:数字印刷工程(280301)、包装工程技术(280201)

▍工作任务与职业能力分析

工作领域	工作任务	职 业 能 力
1. 印前制作	1-1 图形制作	1-1-1 能定义基本图形单元
		1-1-2 能对图形进行轮廓线和填充操作
		1-1-3 能对图形进行形状与节点变换
		1-1-4 能制作各种特殊图形效果
		1-1-5 能根据制作要求完成完稿制作
		1-1-6 能按要求进行存档
	1-2 图像处理	1-2-1 能区分各种类型的原稿,并采用制定的标准获得符合要求的电子文件
		1-2-2 能使用数码相机拍摄或运用网络检索获取图像
		1-2-3 能根据图像用途设置图像模式、分辨率及文件格式
		1-2-4 能选择区域对图像进行编辑
		1-2-5 能进行通道和图层操作
		1-2-6 能进行图像合成操作
		1-2-7 能进行颜色调整操作
		1-2-8 能处理文字对象
		1-2-9 能进行图像特效制作
		1-2-10 能按要求保存相应格式

（续表）

工作领域	工作任务	职 业 能 力
1. 印前制作	1-3　图文排版	1-3-1　能按要求输入中西文、符号
		1-3-2　能对扫描文字进行 OCR 操作
		1-3-3　能进行主页设置
		1-3-4　能设置字符样式和段落样式
		1-3-5　能进行分栏设置和版式编排
		1-3-6　能输入特殊公式和完成表格制作
		1-3-7　能导入图形与图像
		1-3-8　能按要求保存相应格式
		1-3-9　能根据客户要求进行版面设计和跨页设计
2. 印前输出	2-1　文件预检及处理	2-1-1　能制作符合印刷要求的预置文件
		2-1-2　能对原文件的出血位、页面尺寸、字体、图形、链接、图像精度、格式等进行预检
		2-1-3　能根据预检结果进行基本处理
	2-2　PDF 工作流程控制	2-2-1　能熟练操作 PDF 工作流程
		2-2-2　能对 PDF 文件进行规范化处理
		2-2-3　能对 PDF 文件进行整体陷印处理
		2-2-4　能对 PDF 文件进行拼版处理
		2-2-5　能对拼版文件进行大版 PDF 输出
		2-2-6　能对拼版文件进行挂网和 1-bit TIFF 输出
		2-2-7　能对作业进行归档处理
	2-3　数字打样	2-3-1　能对大版 PDF 文件的颜色、内容、色版等信息进行屏幕软打样检查
		2-3-2　能对大版 PDF 文件进行 RIP 前数码打样
		2-3-3　能对大版 1-bit TIFF 文件进行 RIP 后数码打样
	2-4　印版制作	2-4-1　能根据要求规范选择制版用材料
		2-4-2　能根据操作规程独立、规范进行制版机的准备
		2-4-3　能根据各类印版制作规程独立、规范设定制版机的输出参数
	2-5　印版质量鉴别	2-5-1　能运用印版测量仪器测量出印版的加网线数、加网角度、网点百分比等参数
		2-5-2　能根据各类印版质量检测规程独立、规范检验印版质量

(续表)

工作领域	工作任务	职 业 能 力
3. 物料识别与选用	3-1　纸张识别与选用	3-1-1　能识别常用纸张的种类和规格
		3-1-2　能通过目测判断纸张表面的缺陷
		3-1-3　能通过撕纸法和浸水法检测纸张的丝缕方向
		3-1-4　能规范检测纸张的定量、厚度、白度、平滑度等基本物理性能
		3-1-5　能根据产品特点正确选择纸张、纸板、特种承印材料品种
		3-1-6　能正确计数印刷纸张并按照要求对印刷纸张进行堆放
	3-2　油墨识别与选用	3-2-1　能根据印刷方式的不同选择对应的油墨
		3-2-2　能通过目测判断平版胶印油墨是否污染、结皮和结块
		3-2-3　能规范检测油墨的色相、色浓度、附着力、干燥速度、光泽和黏性
		3-2-4　能规范检测水性油墨的 pH 值、黏度、固含量
		3-2-5　能根据要求调配专色油墨
	3-3　橡皮布和印版识别与选用	3-3-1　能准确识别普通橡皮布和气垫橡皮布
		3-3-2　能使用螺旋测微器测量橡皮布厚度
		3-3-3　能通过目测判断橡皮布的表面质量
		3-3-4　能根据印刷方式的不同选择印版的种类
		3-3-5　能通过目测检查平版胶印版表面质量
		3-3-6　能根据环境要求保存印版
		3-3-7　能根据印刷要求选用印版、橡皮布及衬垫
	3-4　墨辊识别与选用	3-4-1　能识别平版胶印机输墨装置中的墨辊类型
		3-4-2　能通过目测法判断墨辊的外观质量
		3-4-3　能规范使用游标卡尺测量墨辊的外径尺寸
		3-4-4　能规范使用硬度计测量墨辊的橡胶硬度
		3-4-5　能规范使用粗糙度仪测量墨辊的表面粗糙度
		3-4-6　能对印刷墨辊进行清洁与保养
	3-5　润湿液配制	3-5-1　能准确判断润湿液的种类
		3-5-2　能根据平版印刷机润湿装置的类型选用合适的润湿液原液
		3-5-3　能根据印刷设备润湿装置及润版原液特性规范完成润湿液的配制
		3-5-4　能使用电导率仪规范测量润湿液的 pH 值和电导率，并能调整到合理区间
		3-5-5　能使用密度仪测量酒精润湿液中酒精的浓度，并能调整到合理区间

工作领域	工作任务	职　业　能　力
4. 印刷实施	4-1 平版印刷开机前准备	4-1-1 能根据施工单检查测量纸张规格尺寸
		4-1-2 能识别并剔除残缺纸张
		4-1-3 能对印版进行除脏、擦胶处理
		4-1-4 能根据印刷要求选用橡皮布及衬垫
		4-1-5 能根据纸张规格调节输纸装置各部件
		4-1-6 能根据纸张规格调节收纸装置各部件
		4-1-7 能根据产品质量要求调节喷粉量
		4-1-8 能根据产品质量要求调整油墨印刷适性
	4-2 平版印刷机智能系统预设	4-2-1 能预设承印物规格尺寸
		4-2-2 能根据印版图文分布情况预设润湿液用量
		4-2-3 能根据印版图文分布情况预设油墨用量
		4-2-4 能按照操作规程对平版印刷机的其他自动化装置进行设置
	4-3 印版安装校正	4-3-1 能根据要求识别印版参数及质量
		4-3-2 能对平版印版进行打孔和弯版操作
		4-3-3 能按规范步骤熟练拆、装印版
		4-3-4 能根据产品质量要求校准印版
		4-3-5 能对印版进行常规的保养与整理堆放,清除印版残墨并擦保护胶
	4-4 墨色及水墨平衡调节	4-4-1 能根据印版图文区域及产品墨色要求设定墨量、水量
		4-4-2 能判别印张与样张的明显色差
		4-4-3 能正确使用颜色测量仪器检测印品颜色
		4-4-4 能根据印张的色差对墨量进行初步调整
		4-4-5 能根据墨量及产品要求调节水量
	4-5 平版印刷流程认知	4-5-1 能根据平版印刷流程合理安排印刷操作过程
		4-5-2 能根据印刷条件合理安排印刷色序
		4-5-3 能根据印刷活件要求合理安排印刷色序
		4-5-4 能正确识别平版印刷机上常见的警示标志
		4-5-5 能正确对印刷产品、印刷耗材进行整理和保管
5. 印刷质量检测	5-1 印刷质量检测方法选用	5-1-1 能根据测控条用目视的方法判断印刷品的质量
		5-1-2 能根据付印样选用对比的方法判定印刷品的色彩还原
		5-1-3 能选用放大镜鉴别套印准确度与网点还原情况
		5-1-4 能选用仪器测量印刷品的质量参数

（续表）

工作领域	工作任务	职　业　能　力
5. 印刷质量检测	5-2　印刷过程质量检测	5-2-1　能测量、调节车间的温湿度
		5-2-2　能测量润版液的 pH 值、导电率（胶印）
		5-2-3　能在印刷过程中控制水墨平衡
		5-2-4　能在印刷过程中判断并排除印品故障
		5-2-5　能根据设备配置及产品质量要求进行智能检测
	5-3　印刷品质量检测	5-3-1　能正确使用带刻度的高倍率放大镜、密度仪、分光光度计等设备
		5-3-2　能根据国家标准使用仪器规范测量印刷品套印精度、检验成品尺寸、测定印刷图像的阶调值或层次
		5-3-3　能根据国家标准使用仪器规范测量各色油墨实地密度、相对反差、叠印率、网点扩大值、灰平衡值
		5-3-4　能根据国家标准使用仪器规范测量印刷品的密度偏差
		5-3-5　能根据国家标准使用仪器规范测量印刷品的色差
	5-4　印刷质量分析	5-4-1　能判断材料引起的质量弊病
		5-4-2　能判断设备引起的质量弊病
		5-4-3　能判断工艺引起的质量弊病
		5-4-4　能判断操作引起的质量弊病
		5-4-5　能判断环境因素引起的质量弊病
		5-4-6　能判断综合因素引起的质量弊病
	5-5　印刷质量评价	5-5-1　能熟记印刷品国家标准和行业标准，并以其作为评价的依据
		5-5-2　能观察印刷品与付印样，就色差、层次等质量内容，使用规范的语言对印刷品做出主观评价
		5-5-3　能根据检测数据客观评判印刷品的质量
		5-5-4　能根据产品的质量要求，解读主观评价的具体指标及优先顺序，如质感、清晰度、柔和度、鲜明度等
		5-5-5　能根据客观评价和主观评价的结果，对印刷品的总体质量进行综合评价
6. 印刷机维护与保养	6-1　印刷机结构调节	6-1-1　能熟知纸张分离机构的工作原理，并进行纸张分离机构调节
		6-1-2　能正确调节纸张输送机构
		6-1-3　能正确调节自动控制机构
		6-1-4　能熟练掌握定位装置的工作原理并进行调节

工作领域	工作任务	职 业 能 力	
6. 印刷机维护与保养	6-1 印刷机结构调节	6-1-5	能基本理解递纸机构的工作原理并进行调节
		6-1-6	能对印刷机的压力进行调节
		6-1-7	能熟练拆卸和安装橡皮布
		6-1-8	能对辊子轴承等部件进行拆装和调节
		6-1-9	能对输墨与润湿装置进行调节
		6-1-10	能对收纸装置进行调节
		6-1-11	能检查出平版印刷机结构调节的各种故障
		6-1-12	能排除平版印刷机结构调节的各种故障
	6-2 平版印刷机日常清洁	6-2-1	能清洗水箱过滤网
		6-2-2	能清洗滚筒表面污垢
		6-2-3	能清洗输纸装置和收纸装置污垢
		6-2-4	能清洗墨斗和水斗托盘中的沉积物
		6-2-5	能清洗橡皮布
		6-2-6	能清洗水辊、墨辊
	6-3 平版印刷机保养	6-3-1	能在停机时检查机器上的遗留异物
		6-3-2	能在停机时检查控制部件的灵敏度
		6-3-3	能在停机时检查安全防护装置
		6-3-4	能对设备有标识的润滑部位进行润滑
		6-3-5	能对设备及周围环境进行保洁
7. 数字印刷	7-1 数字印刷前准备	7-1-1	能识别常用的数字印刷设备
		7-1-2	能根据不同的使用场景选择合适的数字印刷设备
		7-1-3	能识别适合不同数字印刷设备上使用的常用承印物类型和规格
		7-1-4	能按照生产作业单完成承印物准备、种类判别和质量检查
	7-2 数字印刷文件准备	7-2-1	能对印刷作业的格式进行正确转换
		7-2-2	能根据印刷要求进行印前文件预检
		7-2-3	能根据承印物规格以及印后装订方式正确地添加装订边、拼版、添加裁切线
		7-2-4	能运用局域网或流程控制软件上传印刷作业到数字印刷机
		7-2-5	能根据电子稿类型对文件进行分类、保存和检索

（续表）

工作领域	工作任务	职　业　能　力
7. 数字印刷	7-3　数字印刷设备操作	7-3-1　能按照操作规范启动、关闭数字印刷设备
		7-3-2　能使用校色设备对数码印刷设备进行校色
		7-3-3　能根据印刷要求更换承印物
		7-3-4　能进行单面印刷、双面印刷
		7-3-5　能排除卡纸等简单故障
		7-3-6　能根据样张对数码印刷机进行色彩调整
	7-4　数字印刷设备维护与保养	7-4-1　能对常用数码印刷设备进行碳粉、油墨或墨水的更换
		7-4-2　能对常用数码印刷设备进行耗材更换（感光鼓/PIP、转印带/橡皮布、墨头、墨盒等）
		7-4-3　能对数字印刷设备进行全面清洁
		7-4-4　能对常用数字印刷设备进行基本的维护和保养
	7-5　数字印刷质量检测	7-5-1　能对照数字印刷国际标准评价数字印刷品
		7-5-2　能制作数字印刷质量分析文件并规范输出
		7-5-3　能使用数字印刷检测设备进行数字印刷品检测
		7-5-4　能通过设备校准、色彩管理、文件处理等方式改进印刷品质量
8. 印刷流程运用	8-1　印刷方式选择	8-1-1　能准确辨别印刷样品的印前、印刷及印后加工方式
		8-1-2　能根据产品用途选择合理的印刷方式
		8-1-3　能根据承印材料的性质选择对应的印刷方式
		8-1-4　能根据客户要求设计不同印刷方式组合
	8-2　印刷生产工序选用	8-2-1　能准确辨别印刷品的加工工序
		8-2-2　能根据客户需求合理设计印刷生产工序
		8-2-3　能根据客户要求设计不同表面整饰工艺组合
		8-2-4　能根据产品特点设计装帧形式
	8-3　数字化印刷工作流程运用	8-3-1　能正确启动数字工作流程控制台，并设置系统基本参数、运行环境和系统控制权限
		8-3-2　能在流程中生成 JDF 文件，并在油墨预置系统中正确调用 JDF 文件
		8-3-3　能正确设置 PDF 预设参数和预飞参数
		8-3-4　能完成多个页面自动在规定版面中编排组合与自动拼拆页操作
		8-3-5　能规范完成校样打样
		8-3-6　能完成 RIP 参数的设置，并生成符合印刷要求的标准文件格式
		8-3-7　能正确设置油墨预置参数，并将数据传送至印刷机工作台

（续表）

工作领域	工作任务	职　业　能　力
9. 印品整饰	9-1　印品覆膜	9-1-1　能根据覆膜工艺要求,对印刷品进行覆膜前处理 9-1-2　能根据产品尺寸、厚度的不同,调节薄膜的位置和张力 9-1-3　能根据产品、尺寸、厚度及油墨性质不同,调节覆膜温度、压力和速度 9-1-4　能根据覆膜材料的不同装卸卷膜 9-1-5　能根据覆膜质量标准,解决常见覆膜弊病
	9-2　印品上光	9-2-1　能根据上光工艺和产品不同,准备上光涂料 9-2-2　能根据上光产品尺寸、厚度及油墨性质不同,调节上光速度、固化温度和涂布量 9-2-3　能根据局部上光的位置,设置正确的上光参数 9-2-4　能根据上光质量标准,解决常见上光弊病
	9-3　印品烫印	9-3-1　能根据烫印产品不同,设置正确的烫印参数 9-3-2　能根据烫印产品不同,装卸烫印版和烫印材料 9-3-3　能根据烫印产品尺寸、厚度的不同,调节烫印温度、压力和速度 9-3-4　能根据烫印质量标准,解决烫印常见质量弊病
10. 本册制作	10-1　印品裁切	10-1-1　能根据纸张咬口、侧规位置采用不同理纸方法,在桌面上理齐纸张 10-1-2　能根据裁切尺寸要求编制裁切程序 10-1-3　能根据裁切物不同调整压纸器压力 10-1-4　能根据裁切物不同操作切纸机 10-1-5　能根据裁切产品质量标准解决裁切产品质量弊病
	10-2　折配页操作	10-2-1　能根据纸张尺寸大小调节折页机输纸机构 10-2-2　能根据书帖折页方法调节折页机构 10-2-3　能根据产品质量标准解决常见折页产品质量弊病 10-2-4　能根据书帖尺寸大小调节配页机贮帖台机构 10-2-5　能根据配页产品质量要求解决常见书芯质量弊病
	10-3　骑马订制作	10-3-1　能根据书帖尺寸大小调节搭页机贮帖机构 10-3-2　能根据书芯尺寸大小调节订书机头位置 10-3-3　能根据裁切成品尺寸调节裁切尺寸位置 10-3-4　能根据骑马订质量要求解决常见骑马订质量弊病
	10-4　胶订制作	10-4-1　能根据书芯厚度、尺寸大小调节胶订机进本书夹尺寸位置 10-4-2　能根据书芯厚度、尺寸大小调节上胶厚度和长度 10-4-3　能根据书芯尺寸大小调节封面尺寸位置 10-4-4　能根据书芯厚度调节托打成型机构 10-4-5　能根据胶粘装订产品质量标准解决胶订常见质量弊病

课程结构

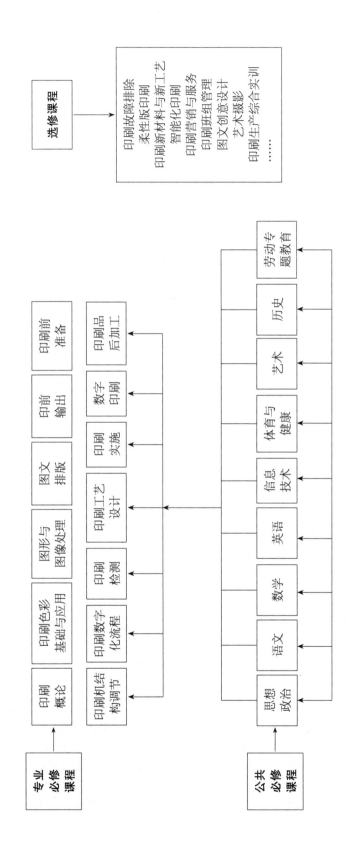

| ▌专业必修课程 |

序号	课程名称	主要教学内容与要求	技能考核项目与要求	参考学时
1	印刷概论	**主要教学内容：** 印刷技术概述、印前图文处理技术、现代制版技术、现代印刷技术、现代印后加工技术、现代数字印刷技术等相关基础知识 **教学要求：** 通过本课程的学习，学生能对印刷的起源与发展、印刷工艺流程有清晰的了解，能掌握印刷起源和发展的概况，掌握从印前制作、制版、印刷到印后加工以及包装和广告装潢印刷等方面的基础知识		36
2	印刷色彩基础与应用	**主要教学内容：** 颜色的识别、颜色的形成、颜色的表示、颜色的分解与校正、颜色的传递与合成、颜色的检测等相关基础知识和基本技能 **教学要求：** 通过本课程的学习，学生能熟悉色彩的形成规律、呈色机理以及彩色印刷复制等方面的理论知识，具备使用印刷色彩知识与客户进行交流与沟通、辨色、校色、配色以及印刷品颜色测量与评价的职业能力	**考核项目：** 分析原稿的颜色、辨别样张的色差、校正图像、区分分色印版、安排印刷色序、对印刷品做出评价等 **考核要求：** 达到印前处理和制作员职业技能等级证书（五级/四级）、印刷操作员职业技能等级证书（五级/四级）的相关考核要求	36
3	图形与图像处理	**主要教学内容：** 图形图像文件创建、基本图形绘制、图像绘制与处理、文件存储等相关基础知识和基本技能 **教学要求：** 通过本课程的学习，学生能熟悉图形图像概念、图形绘制方法、图像特效处理应用方法、印刷设置等相关知识，掌握图形图像文件创建、图形绘制、图像特效处理、图像颜色调整、分色处理等技能	**考核项目：** 图形图像文件创建、基本图形绘制、图像绘制与处理、文件存储 **考核要求：** 达到印前处理和制作员职业技能等级证书（五级/四级）的相关考核要求	108
4	图文排版	**主要教学内容：** 文稿录入与获取、页面设置与布局、文字排版及样式运用、特殊公式输入及表格制作、图形排版、图像排版、完稿处理与文件存储等相关基础知识和基本技能	**考核项目：** 文稿录入、页面设置与布局、文字排版及样式运用、表格制作、图形与图像排版、完稿处理与文件存储	54

(续表)

序号	课程名称	主要教学内容与要求	技能考核项目与要求	参考学时
4	图文排版	**教学要求：** 通过本课程的学习,学生能熟悉计算机文字输入、图文排版的基础知识,能熟练操作排版软件,进行页面设置与布局、文字排版及样式运用、特殊公式及表格制作、图形与图像排版、完稿处理与文件存储等基本操作	**考核要求：** 达到印前处理和制作员职业技能等级证书(五级/四级)的相关考核要求	
5	印前输出	**主要教学内容：** 印前输出、印前完稿、陷印处理、印前检查、PDF 输出、PDF 预检、拼版输出等相关基础知识和基本技能 **教学要求：** 通过本课程的学习,学生能熟悉印前输出相关知识,掌握印前完稿、陷印处理、印前检查、PDF 输出、PDF 预检、拼版输出等技能	**考核项目：** 印前完稿、陷印处理、印前检查、PDF 输出、PDF 预检、拼版输出 **考核要求：** 达到印前处理和制作员职业技能等级证书(五级/四级)、印刷操作员职业技能等级证书(五级/四级)的相关考核要求	72
6	印刷前准备	**主要教学内容：** 生产施工单认知、印刷用纸识别与选用、油墨识别与选用、橡皮布识别与选用、印版识别与选用、平版胶印墨辊识别与选用、润湿液配制等相关基础知识和基本技能 **教学要求：** 通过本课程的学习,学生能熟悉纸张、油墨、橡皮布、印版、墨辊、润湿液等物料的基础知识以及与印刷的关系,掌握识别与选用这些物料的基本技能	**考核项目：** 调配墨色,鉴别印版色别、网线角度、网点形状,测量四种样张厚度,鉴别橡皮布丝缕,鉴别纸张常见问题 **考核要求：** 达到印刷操作员职业技能等级证书(五级/四级)的相关考核要求	72
7	印刷机结构调节	**主要教学内容：** 印刷机认知、输纸装置调节、递纸装置调节、压印装置调节、输墨与润湿装置调节、收纸装置调节、平版印刷机保养与维护等相关基础知识和基本技能 **教学要求：** 通过本课程的学习,学生能熟悉平版印刷机各功能模块的结构及特点、性能、工作原理,能熟练进行平版印刷机各功能装置的调节操作,并能进行简单的维护与保养	**考核项目：** 拆装橡皮布、校平水墨辊、安装橡皮布并包包衬 **考核要求：** 达到印刷操作员职业技能等级证书(五级/四级)的相关考核要求	72

序号	课程名称	主要教学内容与要求	技能考核项目与要求	参考学时
8	印刷数字化流程	**主要教学内容：** PDF 文件的制作与检查、拼大版操作、印品打样、加网与输出、油墨预置等相关基础知识和基本技能 **教学要求：** 通过本课程的学习，学生能熟悉印刷生产数字化流程的相关知识，掌握 PDF 文件的制作与检查、拼大版、打样校样、加网输出、油墨预置等流程控制的基本技能	**考核项目：** 建立工作传票，设置预检、补漏白、色彩管理、专色、字库、RIP 和打样的参数，设置拼版模板并拼版 **考核要求：** 达到印前处理和制作员职业技能等级证书（五级/四级）、印刷操作员职业技能等级证书（五级/四级）的相关考核要求	36
9	印刷检测	**主要教学内容：** 测量仪器的操作、过程质量检测与控制、印刷品质量检测、印刷品质量评价等相关基础知识和基本技能 **教学要求：** 通过本课程的学习，学生能系统地了解印刷质量的评判方法，掌握印版质量检测、印刷过程质量检测、印刷品质量检测、印刷质量分析、印刷质量评价等内容，提高对印刷质量检测的认识，能分析与印品质量相关的操作	**考核项目：** 通过目测检查印刷墨色、印刷色差、印刷品湿和干密度的差别、折帖的准确度以及印刷品的掉粉、掉色和粉化，诊断由机械传动因素造成的套印不准问题，诊断由纸张环境因素造成的套印不准问题，诊断由工艺操作不当造成的套印不准问题，出具检测与分析报告 **考核要求：** 达到印刷操作员职业技能等级证书（五级/四级）的相关考核要求	72
10	印刷工艺设计	**主要教学内容：** 印前处理设计、承印材料选用、印刷方式选择、印后加工方式设计、印刷生产工序选用等相关基础知识和基本技能 **教学要求：** 通过本课程的学习，学生能熟悉印前、印刷、印后加工的特点及设计要点，能根据产品用途及客户需求设计合理的印前、印刷、印后加工方式及工序	**考核项目：** 原稿色彩判断、排版与拼版、印刷工艺与方式、印后加工工艺与方式 **考核要求：** 达到印前处理和制作员职业技能等级证书（五级/四级）、印刷操作员职业技能等级证书（五级/四级）、印后制作员职业技能等级证书（五级/四级）的相关考核要求	36

（续表）

序号	课程名称	主要教学内容与要求	技能考核项目与要求	参考学时
11	印刷实施	**主要教学内容：** 平版印刷流程认知、印刷材料准备、印刷机准备、实施印刷、印刷适性调节、印刷后整理等相关基础知识和基本技能 **教学要求：** 通过本课程的学习，学生能熟悉平版印刷工艺流程、平版印刷操作方法和要求等基础知识，掌握印刷机开机前准备、印版安装校正、墨色及水墨平衡调节等相关技能	**考核项目：** 数纸、敲纸、堆纸或卷筒上纸，纸张传输、安装印版、实施印刷，印刷样张，鉴别样张质量弊病 **考核要求：** 达到印刷操作员职业技能等级证书（五级/四级）的相关考核要求	144
12	数字印刷	**主要教学内容：** 数字印刷设备及材料准备、数字印刷文件准备、数字印刷设备操作、数字印刷设备维护与保养、数字印刷质量检测等相关基础知识和基本技能 **教学要求：** 通过本课程的学习，学生能熟悉数码印刷设备、数码印刷材料、数码印刷操作流程等基础知识，掌握数字印刷印前的文件及耗材准备、数字印刷设备的校准和工艺流程设置、数字印刷品质量检测、数字印刷设备的耗材更换和维护保养等相关技能	**考核项目：** 印前准备、印刷操作、印刷质量检测 **考核要求：** 达到印刷操作员（数字印刷员）职业技能等级证书（五级/四级）的相关考核要求	144
13	印刷品后加工	**主要教学内容：** 印品覆膜、印品上光、印品烫印、印品裁切、印品折页、书刊配页、印品骑马订和印品胶订制作等相关基础知识和基本技能 **教学要求：** 通过本课程的学习，学生能熟悉印品覆膜、印品上光、印品烫印、印品裁切、印品折页、书刊配页、印品骑马订和印品胶订等工艺的工作原理，能掌握材料识别、质量弊病鉴别、故障产生原因及排除方法等相关知识，掌握覆膜、上光、烫印、裁切、折页、配页、骑马订、胶订等工艺的生产操作和故障排除	**考核项目：** 印品上光、印品覆膜、印品模切、印品折页、产品装订 **考核要求：** 达到印后制作员职业技能等级证书（五级/四级）的相关考核要求	144

指导性教学安排

1. 指导性教学安排

课程分类		课程名称	总学时	学分	各学期周数、学时分配					
					1	2	3	4	5	6
					18周	18周	18周	18周	18周	20周
公共必修课程	思想政治	中国特色社会主义	36	2	2					
		心理健康与职业生涯	36	2		2				
		哲学与人生	36	2			2			
		职业道德与法治	36	2				2		
		语文	216	12	4	4	4			
		数学	216	12	4	4	4			
		英语	216	12	4	4	4			
		信息技术	108	6	4	2				
		体育与健康	180	10	2	2	2	2	2	
		艺术	36	2		2				
		历史	72	4	2	2				
		劳动专题教育	18	1	每学期安排3学时					
		小计	1206	67	20	22	18	4	2	
专业必修课程		印刷概论	36	2	2					
		印刷色彩基础与应用	36	2	2					
		图形与图像处理	108	6			2	4		
		图文排版	54	3				3		
		印前输出	72	4					4	
		印刷前准备	72	4	2	2				
		印刷机结构调节	72	4			2	2		

（续表）

课程分类	课程名称	总学时	学分	各学期周数、学时分配					
				1	2	3	4	5	6
				18周	18周	18周	18周	18周	20周
专业必修课程	印刷数字化流程	36	2			2			
	印刷检测	72	4			4			
	印刷工艺设计	36	2				2		
	印刷实施	144	8				4	4	
	数字印刷	144	8				4	4	
	印刷品后加工	144	8				4	4	
	小计	1026	57	6	4	10	21	16	
选修课程		288	16	由各校自主安排					
岗位实习		600	30						30
合计		3120	170	28	28	28	28	28	30

2. 关于指导性教学安排的说明

（1）本教学安排是 3 年制指导性教学安排。每学年为 52 周，其中教学时间 40 周，周有效学时为 28—30 学时，岗位实习一般按每周 30 小时（1 小时折合 1 学时）安排，3 年总学时数约为 3000—3300。

（2）实行学分制的学校，一般按 16—18 学时为 1 个学分进行换算，3 年制总学分不得少于 170。军训、社会实践、入学教育、毕业教育等活动以 1 周为 1 学分，共 5 学分。

（3）公共必修课程的学时一般占总学时数的三分之一，不低于 1000 学时。公共必修课程中的思想政治、语文、数学、英语、信息技术、历史、体育与健康和艺术等课程，严格按照教育部和上海市教育委员会颁布的相关学科课程标准实施教学。除了教育部和上海市教育委员会规定的必修课程之外，各校可根据学生专业学习需要，开设相关课程的选修模块或其他公共基础选修课程。

（4）专业课程的学时数一般占总学时数的三分之二，其中岗位实习原则上安排一学期。学校要认真落实教育部等八部门印发的《职业学校学生实习管理规定》，在确保学生实习总量的前提下,可根据实际需要集中或分阶段安排实习时间。

(5)选修课程占总学时数的比例不少于10%,由各校根据专业培养目标,自主开设专业特色课程。

(6)学校可根据需要对课时比例进行适当的调整。实行弹性学制的学校(专业)可根据实际情况安排教学活动的时间。

(7)职业学校以实习实训课为主要载体开展劳动教育,其中劳动精神、劳模精神、工匠精神专题教育不少于16学时。

专业教师任职资格

1. 具有中等职业学校及以上教师资格证书。

2. 具有本专业相关职业资格证书(三级及以上)或职业技能等级证书。

实训(实验)装备

1. 印前制作与输出实训室

功能说明:适用于印刷媒体技术专业印刷色彩基础与应用、图形与图像处理、图文排版、印前输出、印刷数字化流程等课程的实训教学,涵盖印前图形制作、图像处理、印前文件检查、印前输入与输出等实训模块。

主要设备装备标准(以40人标准班配置):

序号	设 备 名 称	用 途	单位	基本配置	适用范围(职业技能训练项目)
1	计算机	图像、文字输入	套	40	印前图形制作、图像处理、印前文件检查、印前输入与输出等
2	Photoshop	图像、文字处理	套	40	
3	Illustrator	图文制作	套	40	
4	InDesign	图文排版	套	40	
5	数字打样机	数字打样	台	1	
6	计算机直接制版设备	制版	台	1	
7	印版网点测量设备	印版质量检验	台	1	

2. 印刷色彩与质量检测实训室

功能说明:适用于印刷媒体技术专业印刷色彩基础与应用、印刷检测、数字印刷等课程的实训教学,涵盖颜色检测、色彩控制、印刷质量检测等实训模块。

主要设备装备标准(以40人标准班配置):

序号	设 备 名 称	用 途	单位	基本配置	适用范围（职业技能训练项目）
1	分光光度计	密度、色度测量	台	8	颜色检测、色彩控制、印刷质量检测等
2	颜色测量平台	密度、色度测量	台	2	
3	积分球式分光仪	密度、色度测量	台	2	
4	密度仪	密度、色度测量	台	8	
5	放大镜	网点观察、套准观察	个	40	
6	光泽度仪	光泽度测量	台	8	
7	标准光源箱	样品观测	个	5	
8	喷墨打印机	打样	台	1	
9	耐摩擦仪	墨层耐磨性测量	台	1	

3. 印刷材料与工艺实训室

功能说明：适用于印刷媒体技术专业印刷色彩基础与应用、印刷前准备、印刷检测、印刷实施等课程的实训教学，满足不同印刷材料各项参数测定、印刷适性检测、印刷打样、印刷工艺设计等实训模块。

主要设备装备标准（以40人标准班配置）：

序号	设 备 名 称	用 途	单位	基本配置	适用范围（职业技能训练项目）
1	电子天平	纸张定量测量	台	3	印刷材料各项参数测定、印刷适性检测、印刷打样、印刷工艺设计等
2	纸张定量取样器	纸张定量测量	台	1	
3	白度仪	白度测量	台	1	
4	粗糙度仪	粗糙度测量	台	1	
5	水分检测仪	含水量测量	台	1	
6	挺度仪	挺度测量	台	1	
7	耐折度仪	耐折度测量	台	1	
8	抗张试验仪	抗张强度测量	台	1	
9	撕裂度测定仪	撕裂度测量	台	1	
10	耐破度测定仪	耐破度测量	台	1	
11	黏度测定仪	黏度测量	台	1	
12	油墨黏性仪	黏性测量	台	1	
13	干燥性测定仪	干燥性测量	台	1	
14	油墨细度测试板	油墨细度测量	台	5	
15	印刷适性仪	印刷适性测量	台	3	

4. 印刷及印后设备操作实训室

功能说明:适用于印刷媒体技术专业印刷实施、印刷机结构调节、数字印刷、印刷品后加工等课程的实训教学,涵盖平版印刷操作、平版印刷设备结构调节、平版印刷机维护与保养、数字印刷、印品整饰、本册制作等实训模块。

主要设备装备标准(以 40 人标准班配置):

序号	设 备 名 称	用 途	单位	基本配置	适用范围(职业技能训练项目)
1	平版印刷机	印刷	台	1	平版印刷操作、平版印刷设备结构调节、平版印刷机维护与保养、数字印刷、印品整饰、本册制作等
2	数字印刷机	印刷	台	1	
3	分光光度计	密度、色度测量	台	1	
4	切纸机	裁切纸张	台	1	
5	覆膜机	覆膜	台	1	
6	上光机	上光	台	1	
7	烫金机	烫金	台	1	
8	模切机	模切	台	1	
9	锁线机	锁线	台	1	
10	折页机	折页	台	1	
11	装订机	装订	台	1	

上海市中等职业学校 印刷媒体技术专业必修课程标准

印刷概论课程标准

课程名称

印刷概论

适用专业

中等职业学校印刷媒体技术专业

一、 课程性质

印刷概论是中等职业学校印刷媒体技术专业的一门专业基础课程,也是该专业的一门专业必修课程。其功能是使学生全面系统地了解印刷的基本概念和知识,熟悉印刷的起源与发展、印刷工艺流程,掌握印前制作、制版、印刷到印后加工等方面的基础理论知识,具备从事印刷行业相关岗位的职业能力。本课程是其他专业课程的先导课程,为学生进一步学习图形与图像处理、图文排版、印刷前准备、印刷机结构调节等专业课程奠定基础。

二、 设计思路

本课程遵循够用、学用一致的原则,参照印前处理和制作员、印刷操作员、印后制作员3个职业技能等级证书(五级/四级)的相关考核要求,根据印刷媒体技术专业相关职业岗位的工作任务和职业能力分析结果,以印刷媒体技术相关工作领域共同涉及的印刷基础理论知识为依据而设置。

课程内容紧紧围绕印刷的起源与发展、印刷工艺流程等基础知识的培养,同时充分考虑本专业学生对相关理论知识的需要,融入印前处理和制作员、印刷操作员、印后制作员3个职业技能等级证书(五级/四级)的相关考核要求。

课程内容的组织按照职业能力发展规律和学生认知规律,以印刷的起源与发展、印刷工艺流程为主线,设置印刷技术概述、印前图文处理技术、现代制版技术、现代印刷技术、现代印后加工技术、现代数字印刷技术6个学习主题。通过学习主题整合相关知识,充分体现学科型课程的特点。

本课程建议学时数为36学时。

三、 课程目标

通过本课程的学习,学生能对印刷的起源与发展、印刷工艺流程有清晰的了解,掌握印刷起源和发展的概况,掌握从印前制作、制版、印刷到印后加工,以及包装和广告装潢印刷等方面的基础知识,达到印前处理和制作员、印刷操作员、印后制作员3个职业技能等级证书(五级/四级)的相关考核要求,并在此基础上达成以下职业素养和职业能力目标。

(一)职业素养目标

- 树立科学健康的审美观和积极向上的审美情趣,在学习中逐渐扎实专业基础知识,不断加强艺术修养。

- 具备从事印前制作、印刷操作、印后加工工作的细致耐心和吃苦耐劳精神,逐渐养成爱岗敬业、认真负责、精益求精的职业态度。

- 养成良好的团队合作意识,积极参与团队学习与实践,主动协助同伴完成任务,提高人际沟通能力。

(二)职业能力目标

- 能列举印刷的分类、作用及特点。

- 能说明图文信息处理的流程及特点。

- 能说明现代制版技术的工艺流程及特点。

- 能说明印刷机的类型及结构。

- 能说明现代印刷技术的工艺流程及特点。

- 能列举现代印后加工技术的发展与分类。

- 能说明现代数字印刷技术的流程及特点。

四、 课程内容与要求

学习主题	内 容	学习要求	参考学时
1. 印刷技术概述	1. 印刷的起源与发展	● 能复述印刷术发明所需要的条件 ● 能复述印刷术起源的基本过程 ● 能说出印刷的产生与发展过程 ● 能说明泥活字的发明过程 ● 能说明谷登堡发明的四项内容	8
	2. 印刷要素基础知识	● 能根据印刷流程总结出印刷要素的基本内容 ● 能归纳并说明原稿的种类及区别 ● 能说明纸张与油墨的组成及各部分的作用 ● 能说出四类印版的版面结构特点 ● 能列举印刷过程中使用的印刷设备	
	3. 印刷的分类	● 能根据不同分类方式列举印刷种类 ● 能说出模拟印刷与数字化印刷的工艺流程 ● 能说出印刷工艺的基本流程	
2. 印前图文处理技术	1. 印前图文处理基本原理	● 能根据印刷过程说明文字及图像处理的内容 ● 能说出文字的字体、字号及字形的选用原则 ● 能说出版面设计与排版规格的要求 ● 能说出网点的形成、分类及特征内容 ● 能阐述印刷品阶调层次的含义 ● 能说出彩色图像清晰度的复制方法	6
	2. 印前图文处理方法	● 能根据印刷过程说出印前图文处理方法的内容 ● 能归纳印前图文处理方法的技术种类 ● 能说出印前图文处理系统的输入方法 ● 能说出印前图文处理系统输出部分的组成及设备	
	3. 计算机直接制版技术	● 能描述计算机直接制版技术的发展情况 ● 能说出CTP技术的内容及基本情况	
3. 现代制版技术	1. 拼大版技术	● 能解释分版及分帖的定义和方法 ● 能阐述拼版软件的作用	6
	2. 打样技术	● 能说出打样的目的 ● 能列举打样的种类及流程 ● 能归纳并比较机械打样与数码打样的优缺点	

学习主题	内　　容	学习要求	参考学时
3. 现代制版技术	3. 平版制版技术	● 能说出晒版机、显影机的结构及组成 ● 能说出 PS 版的制作过程 ● 能说明 PS 版的制版流程及基本技术要求 ● 能阐述 CTP 版材及无水胶印版的结构和基本原理	
	4. 凸版、凹版、丝网制版技术	● 能说明铜锌版、柔性版的制版原理及流程 ● 能说明数字化柔性版制作的流程 ● 能说出凹版滚筒及电子雕刻凹版的制作过程 ● 能归纳丝网印刷的种类及基本参数 ● 能说出计算机直接制丝网版的特点及原理	
4. 现代印刷技术	1. 平版印刷技术	● 能说明平版印刷的原理及流程 ● 能说出平版印刷机的基本结构及命名原则 ● 能复述油墨、纸张、润湿液、温湿度控制的内容 ● 能说出印刷机调节、套准控制的内容 ● 能说出平版印刷品的质量要求及评价内容 ● 能复述无水印刷技术的原理及优点	6
	2. 柔性版印刷技术	● 能说明柔性版印刷的原理及流程 ● 能描述柔性版印刷机的基本结构及基本形式 ● 能说出网纹辊、油墨、刮墨刀的选择方法 ● 能复述柔性版印刷品的质量要求 ● 能阐述数字式柔印的发展情况	
	3. 凹版及丝网印刷技术	● 能说明凹版及丝网印刷的原理及流程 ● 能描述凹版及丝网印刷机的基本结构和基本形式 ● 能复述凹版及丝网印刷品的质量要求	
5. 现代印后加工技术	1. 装订技术	● 能根据印刷要求选择书刊装订流程 ● 能阐述骑马订、无线胶订、锁线订的定义及特点 ● 能说明书芯加工的工艺流程 ● 能复述精装书的基本专业术语	6
	2. 表面整饰技术	● 能列举表面整饰技术的种类及作用	
	3. 容器加工技术	● 能复述纸容器加工及软包装制袋的基础知识	
6. 现代数字印刷技术	数字印刷技术	● 能列举常用数字印刷技术的优缺点 ● 能说明静电照相印刷技术的原理及印刷过程 ● 能说明喷墨印刷技术的原理及印刷过程 ● 能说明数字胶印技术的原理及印刷过程	4
总学时			36

五、 实施建议

（一）教材编写与选用建议

1. 应依据本课程标准编写教材或选用教材，从国家和市级教育行政部门发布的教材目录中选用教材，优先选用国家和市级规划教材。

2. 教材要充分体现育人功能，紧密结合教材内容、素材，有机融入课程思政要求，将课程思政内容与专业知识、技能有机统一。

3. 教材编写应以印刷概论课程所涵盖的学习内容和水平为指导，以本课程标准为依据，并充分体现学科型导向的课程设计理念。

4. 教材要以学习主题为载体，以职业能力要求为引领，强调理论知识必须够用的原则，提倡校企合作组织编写内容。

5. 凡工作岗位涉及的印刷概论基础知识，应以国家职业技能标准的内容为基准，并将其纳入教材。

6. 教材应力求文字简练，指令明确。同时，应注意到本学科的快速发展和变化，注重与时俱进，争取将本学科的新知识、新规定、新技术、新方法融入教材。

（二）教学实施建议

1. 切实推进课程思政在教学中的有效落实，寓价值观引导于知识传授和能力培养之中，帮助学生塑造正确的世界观、人生观、价值观。深入梳理教学内容，结合课程特点，深入挖掘课程内容中的思政元素，把思政教学与专业知识、技能教学融为一体，达到润物无声的育人效果。

2. 教学内容从学习主题着手，通过设计不同的学习内容，培养学生掌握相应的理论知识及提出问题、分析问题、解决问题的综合能力，达到理论指导实践的目的。学习内容的设计应体现针对性、必要性和完整性。学习水平的设置应体现中等职业教育的特征，联系生产实际，且应具有较强的可操作性，加强学生理论学习能力的培养，使学生能比较熟练和正确地利用印刷基础理论知识解决实际生产问题。

3. 牢固树立以学生为中心的教学理念，充分尊重学生。教师应成为学生学习的组织者、指导者和同伴，遵循学生的认知特点和学习规律，围绕学生的"学"设计教学活动。

4. 改变传统的灌输式教学，充分调动学生学习的积极性、能动性，采取灵活多样的教学方式，积极探索自主学习、合作学习、探究式学习、问题导向式学习、体验式学习、混合式学习等体现教学新理念的教学方式，提高学生学习的兴趣。

5. 依托多元的现代信息技术手段，将其有效运用于教学，改进教学方法与手段，提升教学效果。

6. 在教学过程中注重培养学生具备职业道德和职业守则的意识,以及细致耐心、吃苦耐劳的精神。

(三) 教学评价建议

1. 以课程标准为依据,开展基于标准的教学评价。

2. 以评促教、以评促学,通过课堂教学及时评价,不断改进教学手段。

3. 教学评价始终坚持德技并重的原则,构建德技融合的专业课教学评价体系,把德育和职业素养的评价内容与要求细化为具体的评价指标,有机融入专业知识的评价指标体系,形成可观察、可测量的评价量表,综合评价学生学习情况。通过有效评价,在日常教学中不断促进学生良好思想品德和职业素养的形成。

4. 注重日常教学中对学生学习的评价,充分利用多种过程性评价工具,如评价表、记录袋等,积累过程性评价数据,形成过程性评价与终结性评价相结合的评价模式。

5. 注重对学生在理论学习中体现出的分析问题、解决问题能力的考核,对在印刷概论课程学习和应用上有创新的学生给予特别鼓励,综合评价学生的能力。

6. 在日常教学中开展对学生学习的评价时,充分利用信息化手段,使用各类较成熟的教育评价平台,探索线上和线下相结合的评价模式。

(四) 资源利用建议

1. 利用现代信息技术,开发制作各种形式的教学课件,具体包括视听光盘、幻灯片、多媒体课件等,使教学过程多样化,丰富教学活动。

2. 注重对网络课程资源的开发和利用。积极开发课程网站,创设网络课堂,使教学内容、教程、教学视频等资源网络化,突破教学空间和时间的局限性,让学生学得主动、学得生动,激发学生思维与技能的形成和拓展。

3. 积极利用数字图书馆等资源,使教学内容多元化,以此拓展学生的知识和能力。

4. 充分利用行业企业资源,为学生提供阶段实训,将教学与实训合一,让学生在真实的环境中实践,提升职业综合素质。

5. 充分利用印刷技术开放实训中心,将教学与实训合一,满足学生综合能力培养的要求。

印刷色彩基础与应用课程标准

▎课程名称

印刷色彩基础与应用

▎适用专业

中等职业学校印刷媒体技术专业

一、 课程性质

印刷色彩基础与应用是中等职业学校印刷媒体技术专业的一门专业基础课程,也是该专业的一门专业必修课程。其功能是使学生掌握色彩的形成规律及彩色印刷复制应用方面的基础知识和基本技能,具备从事印刷行业相关岗位与颜色复制相关职业的能力。本课程是学习图形与图像处理、图文排版等专业课程的基础,为学生进一步学习印刷检测、印刷实施、数字印刷等课程奠定基础。

二、 设计思路

本课程遵循任务引领、做学一体的原则,参照印前处理和制作员、印刷操作员 2 个职业技能等级证书(五级/四级)的相关考核要求,根据印刷媒体技术专业相关职业岗位的工作任务和职业能力分析结果,以印刷媒体技术相关工作领域所需的色彩基础知识与基本技能为依据而设置。

课程内容紧紧围绕整个印刷过程中颜色识别、颜色复制等相关职业能力的培养,同时充分考虑本专业学生对相关理论知识的需要,融入印前处理和制作员、印刷操作员 2 个职业技能等级证书(五级/四级)的相关考核要求。

课程内容的组织按照职业能力发展规律和学生认知规律,以印刷中色彩的还原过程为主线,设置颜色的识别、颜色的形成、颜色的表示、颜色的分解与校正、颜色的传递与合成、颜色的检测 6 个学习任务。以任务为引领,通过学习任务整合相关知识、技能与态度,充分体现任务引领型课程的特点。

本课程建议学时数为 36 学时。

三、 课程目标

通过本课程的学习,学生能熟悉色彩的形成规律和呈色机理,以及彩色印刷复制等方面的理论知识,具备使用印刷色彩知识进行辨色、校色并与客户沟通交流,以及印刷品颜色测量与评价的职业能力,达到印前处理和制作员、印刷操作员 2 个职业技能等级证书(五级/四级)的相关考核要求,并在此基础上达成以下职业素养和职业能力目标。

(一)职业素养目标

● 树立科学健康的审美观和积极向上的审美情趣,在学习和实践中逐渐扎实技术功底,不断加强艺术修养。

● 具备从事印刷色彩复制还原相关工作的细致耐心、吃苦耐劳的职业精神,逐渐养成爱岗敬业、认真负责、严谨细致、精益求精的职业态度。

● 养成良好的团队合作意识,积极参与团队学习与实践,主动协助同伴完成任务,提高人际沟通能力。

● 严格遵守实训室设备的使用规定和设备操作规范,养成良好的安全操作习惯。

(二)职业能力目标

● 能正确选择印刷生产和印品检测所用的环境、背景要求和照明条件。

● 能初步确认客户提供的原稿图片质量是否符合印刷要求。

● 能正确使用印刷色谱查找色块色值。

● 能根据不同类型的原稿正确选择分色工艺、设定分色参数。

● 能识别分色印版与分色样张。

● 能使用图像处理软件对原稿进行颜色校正。

● 能根据不同色调的原稿正确选用网点形状、设定加网参数。

● 能根据不同色调的原稿确定合理的印刷色序。

● 能根据原稿的色样调配油墨。

● 能使用密度仪、分光光度计对印刷品颜色进行测量。

● 能根据印品与付印样的对比对印品做出主客观评价。

四、 课程内容与要求

学习任务	技能与学习要求	知识与学习要求	参考学时
1. 颜色的识别	1. 选择标准光源 ● 能正确选择印刷生产和印品检测所用的照明条件	1. 光的性质 ● 解释光的色散实验 ● 说出光、可见光、光谱、单色光、复色光、色散的定义 ● 记住光的特性 ● 简述光与色的相互关系	8

（续表）

学习任务	技能与学习要求	知识与学习要求	参考学时
1. 颜色的识别		2. 光源的特性 ● 说出光源的类别 ● 概述色温、显色性、亮度的定义 ● 归纳印刷行业对光源的照明设置要求	
	2. 识别色光 ● 能正确辨别颜色块的色光混合 ● 能通过目测辨别出印刷品的色彩呈现规律	3. 色光三原色的名称及特性 ● 说出色光三原色的名称 ● 说出色光三原色的特性 4. 色光加色法的原理 ● 说出色光加色法的定义 ● 简述色光混合的规律和方程式 ● 说出色光互补色混色规律 5. 色光混合的类型和应用领域 ● 复述色光混合的类型 ● 列举色光混色的应用领域	
	3. 检查原稿 ● 能初步确认客户提供的原稿图片质量是否符合印刷要求 ● 能与客户交流如何实现色彩还原 ● 能根据颜色三属性的视觉特点分析原稿的颜色	6. 颜色的三属性 ● 说出颜色三属性的名称 ● 复述颜色三属性的定义 ● 说明颜色属性间的相互关系 7. 原稿的色彩特征及应用范围 ● 归纳原稿的类型和特点 ● 区分原稿的特点及应用范围	
2. 颜色的形成	1. 分析色觉现象 ● 能分析原稿颜色的情感特征 ● 能利用色彩对比的规律分析色觉现象	1. 眼睛的结构及功能 ● 说出眼球的结构及功能 ● 解释视网膜的构造及功能 2. 色觉的形成 ● 说出颜色的定义 ● 简述色觉形成的条件及过程 3. 色觉现象及应用 ● 说出常见的色觉现象 ● 列举色彩心理、情感的表现与象征性 4. 颜色视觉理论及其特点 ● 归纳颜色视觉理论 ● 说出颜色视觉的特点	4

学习任务	技能与学习要求	知识与学习要求	参考学时
2. 颜色的形成	2. 分析物体呈色机理 ● 能正确选择印刷生产和印品检测所用的环境与背景 ● 能辨别不同光源下物体所呈现的颜色	5. 物体呈色的特性 ● 解释彩色物体与选择性吸收的关系 ● 解释消色物体与非选择性吸收的关系 ● 说出固有色、光源色、环境色的定义 ● 简述影响物体色彩的因素	
3. 颜色的表示	1. 表示颜色 ● 能根据分光光度曲线表色法分析颜色属性	1. 颜色表示法的定义及特点 ● 说出习惯命名法和系统命名法的定义及特点 ● 说出分光光度曲线表色法的定义及特点	6
	2. 用计算机色彩表示法表示颜色 ● 能使用计算机图像处理软件在 LAB、HSB 颜色空间中设定颜色 ● 能使用计算机图像处理软件在 RGB、CMYK 颜色空间中设定颜色	2. 计算机色彩表示法的构成和取值范围 ● 说出 LAB、HSB 表色法的构成 ● 说出 LAB、HSB 表色法的取值范围 ● 说出 LAB、HSB 表色法的特点 ● 说出 RGB、CMYK 表色法的构成 ● 说出 RGB、CMYK 表色法的取值范围 ● 说出 RGB、CMYK 表色法的特点	
	3. 用色谱表示法表示颜色 ● 能正确使用印刷色谱查找色块色值 ● 能查阅与使用潘通色卡	3. 色谱表示法的类别及作用 ● 说出色谱表示法的类别 ● 简述印刷色谱的定义及作用 ● 说出潘通色卡的类别 ● 知道孟塞尔颜色系统及图册中的标定方法	
4. 颜色的分解与校正	1. 分解颜色 ● 能根据分色原理辨别原稿的分色印版	1. 颜色分解的定义和原理 ● 说出分色的定义 ● 解释颜色分解的原理 2. 印刷分色工艺和参数设定 ● 知道印刷分色参数设定 ● 说出黑版的由来、类型和作用 ● 知道分色工艺的阶段	6
	2. 校正颜色 ● 能使用图像处理软件对原稿进行颜色校正	3. 分色误差及校正原理 ● 说出分色误差形成的主要因素 ● 解释颜色校正的原理 4. 软件校色的工具和方法 ● 说出常用的软件校色工具 ● 说出常用的软件校色方法 5. 灰平衡的定义 ● 说出灰平衡的定义	

（续表）

学习任务	技能与学习要求	知识与学习要求	参考学时
4. 颜色的分解与校正	3. 替代颜色 ● 能在图像处理软件中设置底色去除和灰成分替代参数 ● 能在图像处理软件中设置底色增益参数	6. UCR 工艺与 GCR 工艺的本质和特点 ● 说出 UCR 和 GCR 工艺的本质 ● 归纳 UCR 和 GCR 工艺的特点 7. UCA 工艺的本质和特点 ● 说出 UCA 工艺的本质 ● 归纳 UCA 工艺的特点	
5. 颜色的传递与合成	1. 传递颜色 ● 能根据原稿特点对四色印刷的网点角度进行安排 ● 能使用放大镜观察网点特征	1. 网点的定义、类型和特点 ● 说出网点的定义及类型 ● 解释调幅网点与调频网点的特点和区别 2. 网点的选用参数 ● 解释网角、网点的角度差、网点的大小、网点线数、网点形状的本质和特点	6
	2. 合成颜色 ● 能辨别颜色块间色和复色的混合 ● 能选择合适的纸张、油墨完成印刷品色彩复制 ● 能根据原稿的特点安排印刷色序	3. 色料的分类及色料减色法的定义 ● 说出色料的分类 ● 说出色料三原色的名称及色料减色法的定义 4. 色料减色法的规律 ● 简述色料混合的规律和方程式 ● 说出色料互补色混色规律 ● 复述色料混色的特点、类型 ● 列举色料混色规律的应用 5. 印刷品呈色的原理 ● 说出油墨、纸张对印刷品颜色的影响 ● 说明印刷色序对印刷品颜色的影响	
6. 颜色的检测	1. 评价颜色质量 ● 能使用主观评价法对印刷品颜色质量进行评价 ● 能使用客观评价法对印刷品颜色质量进行评价	1. 印刷品颜色质量的评价条件、仪器和工具 ● 解释印刷品颜色质量评价必备的条件 ● 说出印刷品颜色质量评价所用的仪器和工具 2. 印刷品颜色质量的评价方法和标准 ● 说出印刷品颜色评价的方法 ● 归纳印刷品颜色质量主观评价的标准和内容 ● 归纳印刷品颜色质量客观评价的标准和内容 ● 说出客观评价技术参数的名称	6

学习任务	技能与学习要求	知识与学习要求	参考学时
6. 颜色的检测	2. 测量颜色 ● 能使用密度仪测量印刷品的实地密度与相对反差 ● 能使用密度仪测量印刷品的网点扩大与灰平衡 ● 能使用分光光度计测量印刷品的色度值与色差值 ● 能通过测控条对印刷品颜色进行测量	3. 印刷品颜色测量仪器和工具 ● 描述密度仪、分光光度计、放大镜、测控条的使用方法 4. 印刷品颜色测量方法 ● 说出印刷品颜色测量的方法 ● 归纳密度测量法与色度测量法的定义和特点	
总学时			36

五、 实施建议

（一）教材编写与选用建议

1. 应依据本课程标准编写教材或选用教材,从国家和市级教育行政部门发布的教材目录中选用教材,优先选用国家和市级规划教材。

2. 教材要充分体现育人功能,紧密结合教材内容、素材,有机融入课程思政要求,将课程思政内容与专业知识、技能有机统一。

3. 教材应充分体现以岗位为目标、任务引领的中等职业教育专业课程设计思想,以印刷媒体技术的具体操作内容为主体,结合职业技能证书的考核要求,合理安排教材内容。

4. 教材编写应打破传统的学科界限和教学方法,把基础学科的训练项目分解到具体的工作任务中,真正体现"做中学,学中用"的教学理念,使目标明确,在内容上更具实用性和可操作性。

5. 教材力求文字简练、指令明确。同时,应注意到行业的快速发展和变化,注重与时俱进,争取将相关的新知识、新规定、新技术、新方法融入教材,充分考虑配备适量的直观图片和视频影像资料。

（二）教学实施建议

1. 切实推进课程思政在教学中的有效落实,寓价值观引导于知识传授和能力培养之中,帮助学生塑造正确的世界观、人生观、价值观。深入梳理教学内容,结合课程特点,深入挖掘课程内容中的思政元素,把思政教学与专业知识、技能教学融为一体,达到润物无声的育人效果。

2. 充分体现职业教育"实践导向、任务引领、理实一体、做学合一"的课改理念,紧密联系行业的实际应用,以印刷色彩基础与应用岗位的典型任务为载体,加强理论教学与实践教学的结合,充分利用各种实训场所与设备,以学生为教学主体,以能力为本位,以职业活动为导向,以专业技能为核心,使学生在做中学、学中做,引导学生进行实践和探索,注重培养学生的实际操作能力、分析问题和解决问题的能力。

3. 牢固树立以学生为中心的教学理念,充分尊重学生。教师应成为学生学习的组织者、指导者和同伴,遵循学生的认知特点和学习规律,围绕学生的"学"设计教学活动。

4. 改变传统的灌输式教学,充分调动学生学习的积极性、能动性,采取灵活多样的教学方式,积极探索自主学习、合作学习、探究式学习、问题导向式学习、体验式学习、混合式学习等体现教学新理念的教学方式,提高学生学习的兴趣。

5. 依托多元的现代信息技术手段,将其有效运用于教学,改进教学方法与手段,提升教学效果。

6. 注重技能训练及重点环节的教学设计,每次活动都力求使学生上一个新台阶,技能训练既有连续性又有层次性。

7. 注重培养学生良好的操作习惯,把标准意识、规范意识、质量意识、安全意识、环保意识、服务意识、职业道德和敬业精神融入教学活动,促进学生综合职业素养的养成。

(三) 教学评价建议

1. 以课程标准为依据,开展基于标准的教学评价。

2. 以评促教、以评促学,通过课堂教学及时评价,不断改进教学手段。

3. 教学评价始终坚持德技并重的原则,构建德技融合的专业课教学评价体系,把思政和职业素养的评价内容与要求细化为具体的评价指标,有机融入专业知识与技能的评价指标体系,形成可观察、可测量的评价量表,综合评价学生学习情况。通过有效评价,在日常教学中不断促进学生良好思想品德和职业素养的形成。

4. 注重日常教学中对学生学习的评价,充分利用多种过程性评价工具,如评价表、记录袋等,积累过程性评价数据,形成过程性评价与终结性评价相结合的评价模式。

5. 在日常教学中开展对学生学习的评价时,充分利用信息化手段,借助各类较成熟的教育评价平台,探索线上与线下相结合的评价模式。

(四) 资源利用建议

1. 利用现代信息技术,开发制作各种形式的教学课件,具体包括视听光盘、幻灯片、多媒体课件等,使教学过程多样化,丰富教学活动。

2. 注重对网络课程资源的开发和利用。积极开发课程网站,创设网络课堂,使教学内容、教程、教学视频等资源网络化,突破教学空间和时间的局限性,让学生学得主动、学得生动,激发学生思维与技能的形成和拓展。

3. 积极利用数字图书馆等资源,使教学内容多元化,以此拓展学生的知识和能力。

4. 充分利用行业企业资源,为学生提供阶段实训,将教学与实训合一,让学生在真实的环境中实践,提升职业综合素质。

5. 充分利用印刷技术开放实训中心,将教学与实训合一,满足学生综合能力培养的要求。

图形与图像处理课程标准

┃ 课程名称

图形与图像处理

┃ 适用专业

中等职业学校印刷媒体技术专业

一、 课程性质

图形与图像处理是中等职业学校印刷媒体技术专业的一门专业核心课程,也是该专业的一门专业必修课程。其功能是使学生掌握图形与图像处理的相关知识和技能,具备从事印前制作相关职业的能力。本课程是印刷概论、印刷色彩基础与应用的后续课程,为学生进一步学习图文排版、印前输出等课程奠定基础。

二、 设计思路

本课程遵循任务引领、做学一体的原则,参照印前处理和制作员职业技能等级证书(五级/四级)的相关考核要求,根据印刷媒体技术专业相关职业岗位的工作任务和职业能力分析结果,以图形与图像处理所需的基础知识和基本技能为依据而设置。

课程内容紧紧围绕印前工作领域中图形制作、图像处理工作环节应具备的职业能力要求,同时充分考虑本专业学生对相关理论知识的需要,融入印前处理和制作员职业技能等级证书(五级/四级)的相关考核要求。

课程内容的组织按照职业能力发展的规律,以图形制作、图像处理工作流程为主线,设置图形与图像创建、基本图形绘制、图像绘制与处理、文件存储 4 个学习任务,将工作环节细化到每个学习任务中。以任务为引领,通过学习任务整合相关知识、技能与态度,充分体现任务引领型课程的特点。

本课程建议学时数为 108 学时。

三、 课程目标

通过本课程的学习,学生能熟悉图形图像概念、图形绘制方法、图像特效处理应用方法、印刷设置等关联知识,掌握图形图像创建、图形绘制、图像特效处理、图像颜色调整、分色处理等技能,达到印前处理和制作员职业技能等级证书(五级/四级)的相关考核要求,并在此基础上达成以下职业素养和职业能力目标。

(一)职业素养目标

- 树立科学健康的审美观和积极向上的审美情趣,在学习和实践中逐渐扎实技术功底,不断加强艺术修养。

- 具备从事印前操作相关工作的细致耐心、吃苦耐劳的职业精神,逐渐养成爱岗敬业、认真负责、严谨细致、精益求精的职业态度。

- 养成良好的团队合作意识,积极参与团队学习与实践,主动协助同伴完成任务,提高人际沟通能力。

- 严格遵守实训室设备的使用规定和设备操作规范,养成良好的安全操作习惯。

(二)职业能力目标

- 能区分图形与图像。

- 能绘制基本图形和曲线对象。

- 能对图形进行编组及各种逻辑变换。

- 能对图形及其节点进行各种几何变换。

- 能用图形软件灵活处理各种文字对象。

- 能用图形软件制作各种特殊图形效果。

- 能对图像进行选择、移动、复制和各种变换。

- 能对图像进行绘制、填充、描边。

- 能对图层进行创建、合并。

- 能灵活处理各种文字对象。

- 能制作各种图像特效。

四、 课程内容与要求

学习任务	技能与学习要求	知识与学习要求	参考学时
1. 图形与图像创建	1. 图形文件建立 ● 能根据制作要求进行参数设置并建立图形文件 ● 能根据制作要求从模板中建立图形文件	1. 图形的概念及其与图像的关系 ● 说明图形的概念 ● 列举图形、图像的关系与区别 2. 图形软件的种类和特点 ● 列举图形软件的种类 ● 说明图形软件的特点	6

(续表)

学习任务	技能与学习要求	知识与学习要求	参考学时
1. 图形与图像创建	2. 图像创建 ● 能根据要求新建图像文件 ● 能根据要求设置图像分辨率和颜色模式	3. 图像和像素的概念 ● 说明图像的概念 ● 说明像素的概念 4. 图像软件的特点和种类 ● 解释图像软件的特点 ● 说明图像软件的种类	
	3. 页面设置 ● 能根据制作要求设置页面宽度、高度及取向 ● 能根据制作要求设置颜色模式 ● 能根据制作要求进行出血设置	5. 页面参数的含义 ● 说出宽度、高度及取向的含义 ● 说明颜色模式的含义 6. 出血的概念及量值 ● 说明出血的概念 ● 说出出血的量值	
2. 基本图形绘制	1. 基本图形单元和曲线对象绘制 ● 能根据制作要求绘制直线、弧形、螺旋形、矩形网格及极坐标网格 ● 能根据制作要求绘制矩形、圆角矩形、椭圆、多边形 ● 能根据制作要求绘制柱形图和网格 ● 能根据制作要求利用钢笔类工具灵活绘制 Bezier 曲线 ● 能根据制作要求利用画笔和铅笔类工具绘制任意曲线	1. 基本图形单元的类型及特点 ● 举例说明基本图形单元的类型 ● 说明基本图形单元的特点 2. Bezier 曲线的概念及特征 ● 解释 Bezier 曲线的概念 ● 列举 Bezier 曲线的特征	48
	2. 图形描边和填充 ● 能根据制作要求设置图形描边的颜色、粗细、线型和线端类型 ● 能根据制作要求设置填充颜色和渐变 ● 能根据制作要求对图形进行颜色、渐变填充	3. 图形描边的概念和属性 ● 说明图形描边的概念 ● 列举图形描边的属性：颜色、线宽、线型及线端类型 4. 图形填充的概念和类型 ● 说明图形填充的概念 ● 说出图形填充的类型 ● 说出渐变填充的方式	

学习任务	技能与学习要求	知识与学习要求	参考学时
2. 基本图形绘制	3. 图形对象选择、复制、粘贴和几何变换 ● 能利用各种选择工具对图形对象进行选择 ● 能根据制作要求对图形对象进行复制、粘贴 ● 能根据制作要求对图形对象进行移动、旋转和镜像处理 ● 能根据制作要求对图形对象进行比例缩放、倾斜和改变形状 ● 能根据制作要求对图形对象进行各种变形和自由变换	5. 图形对象选择、复制、粘贴的方法 ● 列举图形对象选择的方法：选择、直接选择和编组选择 ● 说出图形对象复制、粘贴的方法 6. 几何变换的类型 ● 举例说明图形对象几何变换的类型：移动、旋转、镜像、比例缩放、倾斜和变形	
	4. 图形对象编组、对齐、分布及逻辑变换 ● 能根据制作要求进行图形对象编组和取消编组 ● 能根据制作要求进行图形对象对齐和分布 ● 能利用路径查找器对图形对象进行合并、相交等逻辑变换	7. 图形对象编组的概念和方法 ● 列举图形对象编组的概念 ● 说明图形对象编组和取消编组的方法 8. 图形对象对齐、分布和逻辑变换的类型 ● 说出图形对象对齐的类型 ● 说出图形对象分布的类型 ● 说出图形对象逻辑变换的类型	
	5. 图形特殊效果制作 ● 能根据制作要求利用剪切蒙版工具进行图形特殊效果制作 ● 能根据制作要求利用图形样式面板进行图形特殊效果制作 ● 能利用混合工具进行特殊图形效果制作 ● 能利用各种效果命令进行特殊图形效果制作	9. 剪切蒙版、图形样式、混合的概念 ● 说明剪切蒙版的概念 ● 说明图形样式的概念 ● 说明混合的概念 10. 图形效果的种类 ● 列举图形效果的种类	
	6. 完稿制作 ● 能根据制作要求完成颜色设定 ● 能根据制作要求完成文字编排 ● 能根据制作要求完成稿件制作	11. 出血及陷印的概念和方法 ● 解释出血的概念 ● 说明陷印设置的方法 12. 校样的概念和方法 ● 说明校样的概念 ● 列举校样的方法	

（续表）

学习任务	技能与学习要求	知识与学习要求	参考学时
3. 图像绘制与处理	1. 图像获取 ● 能操作高精度扫描仪获取线条、灰度和彩色图像 ● 能按照印刷要求设置图形分辨率 ● 能根据图像用途设置图像模式、选择文件格式 ● 能使用数码相机拍摄并获取图像 ● 能运用网络检索获取图像	1. 原稿的概念 ● 说明原稿的概念 ● 区分各种类型的原稿 2. 分辨率的概念和单位 ● 解释分辨率的概念 ● 知道分辨率的单位	48
	2. 图像选取 ● 能根据制作要求采用选框工具进行规则选区选取 ● 能根据制作要求采用套索、魔棒、色彩范围命令等选取工具进行不规则选区选取 ● 能根据制作要求利用钢笔、蒙版、快速蒙版、通道、抽出滤镜等工具进行复杂选区选取 ● 能根据制作要求载入图层、通道、蒙版选区	3. 选区的含义和类型 ● 说明选区的含义 ● 说出选区的类型 4. 选区载入的概念和方法 ● 说明选区载入的概念 ● 列举选区载入的方法	
	3. 图像绘制 ● 能根据制作要求进行各种图像的绘制 ● 能根据制作要求进行图像的描边和填充	5. 描边的概念、类型和方法 ● 说明描边的概念 ● 说明描边的类型及方法 6. 填充的概念、类型和方法 ● 说出填充的概念 ● 列举填充的类型及方法	
	4. 图像变换 ● 能根据制作要求对图像进行移动、旋转和缩放 ● 能根据制作要求对图像进行斜切、扭曲、透视和变形	7. 图像变换的概念和类型 ● 说明图像变换的概念 ● 列举图像变换的类型	
	5. 图像合成 ● 能根据制作要求进行图像的合成操作 ● 能根据制作要求灵活应用图层混合模式、图层样式、蒙版进行图像合成	8. 图层和通道的概念与类型 ● 说出图层的概念和类型 ● 说明通道的概念和类型 9. 蒙版的概念和类型 ● 说出蒙版的概念 ● 说明蒙版的类型	

学习任务	技能与学习要求	知识与学习要求	参考学时
3. 图像绘制与处理	6. 图像色彩调整 ● 能根据制作要求进行层次调整 ● 能根据制作要求进行清晰度调整 ● 能根据制作要求进行色相调整	10. 颜色模式的概念和类型 ● 说明图像颜色模式的概念 ● 列举图像颜色模式的类型 11. 图像清晰度、层次、色相、亮度、对比度和饱和度的概念及调整方法 ● 说出图像清晰度、层次、色相、亮度、对比度和饱和度的概念 ● 列举图像清晰度、层次、色相、亮度、对比度和饱和度的调整方法	
	7. 文字对象处理 ● 能辨认常见的汉字字体及常用的印刷字体 ● 能辨认常见的字号 ● 能根据制作要求创建文本与段落 ● 能根据制作要求进行文本字符间距调整、段落文本格式化 ● 能根据制作要求使文本沿路径排列、创建各种路径文本	12. 计算机中文字的类型及特点 ● 列举计算机中文字的类型 ● 解释说明计算机中各种类型文字的特点	
	8. 图像特效制作 ● 能根据制作要求灵活使用Photoshop的图层混合模式和图层样式功能进行图像特效制作 ● 能根据制作要求灵活使用滤镜功能进行图像特效制作 ● 能根据制作要求对文字进行变形并制作特效	13. 图像特效的概念及方法 ● 说明图像特效的概念 ● 解释图像特效制作的方法	
4. 文件存储	1. 图形文件存储 ● 能根据制作要求进行文件的链接或嵌入 ● 能根据制作要求进行字体的嵌入 ● 能根据印刷需求将图形文件存储为合适的文件格式 ● 能根据需求将图形文件导出为合适的图像文件 ● 能根据需求将图形文件导出为其他文件格式	1. 页面描述语言的概念和类型 ● 说出页面描述语言的概念 ● 列举页面描述语言的类型 2. 图形文件格式的类型和特点 ● 说出图形文件格式的类型（PDF、AI、EPS和DXF等） ● 说明图形文件格式的特点	6

（续表）

学习任务	技能与学习要求	知识与学习要求	参考学时
4. 文件存储	2. 图像文件存储 ● 能根据制作要求将图像文件存储为 PSD、JPEG、TIFF 格式 ● 能根据印刷需求将图像存储为合适的图像文件格式 ● 能根据制作要求将图像文件存储为 PDF 格式	3. 图像文件格式的类型和特点 ● 举例说明 PSD、JPEG、TIFF、PDF 等图像文件格式 ● 概述各种图像文件格式的特点 4. 图像文件格式的存储设置方法和应用 ● 概述常用图像文件格式的存储设置方法 ● 举例说明不同图像文件格式的应用	
总学时			108

五、 实施建议

（一）教材编写与选用建议

1. 应依据本课程标准编写教材或选用教材,从国家和市级教育行政部门发布的教材目录中选用教材,优先选用国家和市级规划教材。

2. 教材要充分体现育人功能,紧密结合教材内容、素材,有机融入课程思政要求,将课程思政内容与专业知识、技能有机统一。

3. 转变以教师为中心的传统教材观,教材编写应以学生的"学"为中心,遵循学生学习的特点与规律,以学生的思维方式设计教材结构、组织教材内容。

4. 应以图形与图像处理职业能力的逻辑关系为线索,按照图形与图像处理职业能力培养由易到难、由简单到复杂、由单一到综合的规律,搭建教材的结构框架,确定教材各部分的目标、内容,以及进行相应的学习任务、活动设计等,从而建立起一个结构清晰、层次分明的教材结构体系。

5. 教材在整体设计和内容选取时,要注重引入行业发展的新业态、新知识、新技术、新工艺、新方法,对接相应的职业标准和岗位要求,贴近工作实际,体现先进性和实用性,创设或引入职业情境,增强教材的职场感。

6. 教材应以学生为本,增强对学生的吸引力,贴近岗位技能与知识的要求,符合学生的认知。采用生动活泼的、学生乐于接受的语言和案例等形式呈现内容,使学生在使用教材时有亲切感、真实感。

7. 教材应注重实践内容的可操作性,强调在操作中理解与应用理论。

（二）教学实施建议

1. 切实推进课程思政在教学中的有效落实,寓价值观引导于知识传授和能力培养之中,帮助学生塑造正确的世界观、人生观、价值观。深入梳理教学内容,结合课程特点,深入挖掘课程内容中的思政元素,把思政教学与专业知识、技能教学融为一体,达到润物无声的育人效果。

2. 充分体现职业教育"实践导向、任务引领、理实一体、做学合一"的课改理念,紧密联系行业的实际应用,以图形与图像处理岗位的典型任务为载体,加强理论教学与实践教学的结合,充分利用各种实训场所与设备,以学生为教学主体,以能力为本位,以职业活动为导向,以专业技能为核心,使学生在做中学、学中做,引导学生进行实践和探索,注重培养学生的实际操作能力、分析问题和解决问题的能力。

3. 牢固树立以学生为中心的教学理念,充分尊重学生。教师应成为学生学习的组织者、指导者和同伴,遵循学生的认知特点和学习规律,围绕学生的"学"设计教学活动。

4. 改变传统的灌输式教学,充分调动学生学习的积极性、能动性,采取灵活多样的教学方式,积极探索自主学习、合作学习、探究式学习、问题导向式学习、体验式学习、混合式学习等体现教学新理念的教学方式,提高学生学习的兴趣。

5. 依托多元的现代信息技术手段,将其有效运用于教学,改进教学方法与手段,提升教学效果。

6. 注重技能训练及重点环节的教学设计,每次活动都力求使学生上一个新台阶,技能训练既有连续性又有层次性。

7. 注重培养学生良好的操作习惯,把标准意识、规范意识、质量意识、安全意识、环保意识、服务意识、职业道德和敬业精神融入教学活动,促进学生综合职业素养的养成。

(三)教学评价建议

1. 以课程标准为依据,开展基于标准的教学评价。

2. 以评促教、以评促学,通过课堂教学及时评价,不断改进教学手段。

3. 教学评价始终坚持德技并重的原则,构建德技融合的专业课教学评价体系,把思政和职业素养的评价内容与要求细化为具体的评价指标,有机融入专业知识与技能的评价指标体系,形成可观察、可测量的评价量表,综合评价学生学习情况。通过有效评价,在日常教学中不断促进学生良好思想品德和职业素养的形成。

4. 注重日常教学中对学生学习的评价,充分利用多种过程性评价工具,如评价表、记录袋等,积累过程性评价数据,形成过程性评价与终结性评价相结合的评价模式。

5. 在日常教学中开展对学生学习的评价时,充分利用信息化手段,借助各类较成熟的教育评价平台,探索线上与线下相结合的评价模式。

(四)资源利用建议

1. 开发适合教学使用的多媒体教学资源库和多媒体教学课件、微课程、示范操作视频。

2. 充分利用网络资源,搭建网络课程平台,开发网络课程,实现优质教学资源共享。

3. 积极利用数字图书馆等资源,使教学内容多元化,以此拓展学生的知识和能力。

4. 充分利用行业企业资源,为学生提供阶段实训,让学生在真实的环境中实践,提升职业综合素质。

5. 充分利用印刷技术开放实训中心,将教学与实训合一,满足学生综合能力培养的要求。

图文排版课程标准

▌课程名称

图文排版

▌适用专业

中等职业学校印刷媒体技术专业

一、 课程性质

图文排版是中等职业学校印刷媒体技术专业的一门专业核心课程,也是该专业的一门专业必修课程。其功能是使学生具有一定的计算机文字输入、图文排版工艺基础知识,熟悉各种不同版式设计和制作的理论知识与技能要求,具备从事印前制作相关工作的职业能力。本课程是印刷色彩基础与应用、图形与图像处理的后续课程,为学生进一步学习印前输出、印刷实施、数字印刷等课程奠定基础。

二、 设计思路

本课程遵循任务引领、做学一体的原则,参照印前处理和制作员职业技能等级证书(五级/四级)的相关考核要求,根据印刷媒体技术专业相关职业岗位的工作任务和职业能力分析结果,以文字录入、图文排版等所需相关基础知识和基本技能为依据而设置。

课程内容紧紧围绕完成印前制作工作领域中相关文字录入、图文排版工作任务所应具备的职业能力要求,同时充分考虑本专业学生对相关理论知识的需要,融入印前处理和制作员职业技能等级证书(五级/四级)的相关考核要求。

课程内容的组织按照职业能力发展的规律,以文字输入和图文排版的工作流程为逻辑主线,设置文稿录入与获取、页面设置与布局、文字排版及样式运用、特殊公式输入及表格制作、图形排版、图像排版、完稿处理与文件存储7个学习任务。以任务为引领,通过学习任务整合相关知识、技能与态度,充分体现任务引领型课程的特点。

本课程建议学时数为54学时。

三、 课程目标

通过本课程的学习,学生能熟悉计算机文字输入、图文排版的基础知识,掌握利用计算机进行文字录入与图文排版的相关方法、步骤与技巧,熟练操作排版软件进行文字输入、图文排版和文件存储等基本操作,达到印前处理和制作员职业技能等级证书(五级/四级)的相关考核要求,并在此基础上达成以下职业素养和职业能力目标。

(一)职业素养目标

- 树立科学健康的审美观和积极向上的审美情趣,在学习和实践中逐渐扎实技术功底,不断加强艺术修养。
- 具备从事印前操作相关工作的细致耐心、吃苦耐劳的职业精神,逐渐养成爱岗敬业、认真负责、严谨细致、精益求精的职业态度。
- 养成良好的团队合作意识,积极参与团队学习与实践,主动协助同伴完成任务,提高人际沟通能力。
- 严格遵守实训室设备的使用规定和设备操作规范,养成良好的安全操作习惯。

(二)职业能力目标

- 能熟练使用计算机输入字符、符号及混合文本。
- 能对扫描文字进行获取与校对。
- 能进行主页设置。
- 能进行分栏设置和版式编排。
- 能设置字符样式和段落样式。
- 能输入特殊公式、完成表格制作。
- 能导入图形与图像。

四、 课程内容与要求

学习任务	技能与学习要求	知识与学习要求	参考学时
1. 文稿录入与获取	1. 文稿录入 ● 能熟练使用中、英文输入法 ● 能录入特殊(生僻)文字和特殊符号 ● 能进行文字、字符和数字的混合录入	1. 文稿录入的步骤和要求 ● 概述文稿录入的步骤 ● 记住文稿录入的技巧和要求	6
	2. 文字获取 ● 能选取扫描文件中的文字内容 ● 能纠正倾斜的原稿 ● 能完成文档图片的分段落、分行 ● 能校对文件	2. 文字获取的途径和种类 ● 说出文字获取的途径 ● 说出文字获取软件的种类 3. 文字校对的要求、作用和特点 ● 概述文字校对的规范要求 ● 归纳校对的作用和特点 ● 说出校对符号及其用法	

学习任务	技能与学习要求	知识与学习要求	参考学时
2. 页面设置与布局	1. 页面设置 ● 能根据制作要求进行新建、修改、恢复、关闭和保存文件及常规系统参数设置 ● 能根据制作要求进行页面设置、颜色设置	1. 开本的概念 ● 复述开本的概念 2. 常规纸张尺寸及印刷品开本 ● 说出常规纸张尺寸 ● 说出常见印刷品的开本 3. 常见文件发布类型及特点 ● 说出常见文件发布类型 ● 说出打印、Web、数码发布文件的特点 4. 印刷品文档颜色设置要求 ● 说出常规印刷品文档颜色设置的要求	6
	2. 页面布局 ● 能根据制作要求进行出血设置 ● 能根据制作要求进行装订方式设置 ● 能根据制作要求进行分栏设置 ● 能根据制作要求确定合适的页面布局 ● 能进行图书、报纸、杂志的页面布局	5. 出血的设置要求 ● 说出印刷品出血的概念及设置要求 ● 理解出血设置在印刷工艺中的重要性 6. 装订的类型 ● 说出常用的装订类型 ● 理解页数、纸张厚度和书脊厚度的关系 7. 版式的概念和基本类型 ● 解释版式的概念 ● 说出版式的基本类型 8. 页面布局的含义和形式 ● 简述页面布局的含义 ● 概述页面布局的形式 9. 图书、报纸、杂志排版设计的基本要求 ● 说出图书、报纸、杂志常用的排版页面大小及各自排版的关键点 ● 说出图文排版的基本排版禁则	
	3. 主页设置 ● 能根据制作要求进行主页设置 ● 能根据制作要求进行页眉、页脚的编辑	10. 主页的作用及应用 ● 说出主页的作用 ● 简述如何应用不同的主页	

（续表）

学习任务	技能与学习要求	知识与学习要求	参考学时
3. 文字排版及样式运用	1. 文字排版 ● 能辨认常用的字体、字号 ● 能根据制作要求创建各种文本框 ● 能根据制作要求进行文字选取 ● 能根据制作要求进行垂直文字创建 ● 能根据制作要求进行路径文字创建 ● 能根据制作要求设置文字与段落属性 ● 能根据制作要求进行文字与段落排版	1. 字体和字号的使用规则 ● 说出字体的使用规则 ● 说出字号的使用规则	6
	2. 字符样式及段落样式使用 ● 能根据制作要求创建字符样式及段落样式 ● 能根据制作要求编辑字符样式及段落样式 ● 能根据制作要求删除、复制、载入并应用字符样式及段落样式	2. 字符样式的概念及作用 ● 解释字符样式的概念 ● 列举字符样式的作用 3. 段落样式的概念及作用 ● 解释段落样式的概念 ● 列举段落样式的作用	
4. 特殊公式输入及表格制作	1. 特殊公式输入 ● 能根据制作要求输入特殊公式 ● 能根据制作要求对特殊公式进行排版	1. 特殊公式的基本概念和类型 ● 解释特殊公式、制表符的概念 ● 列举特殊公式的类型 2. 特殊公式的排版规则 ● 说出特殊公式排版的一般规则 ● 列举特殊公式的排版规则	6
	2. 表格排版 ● 能根据制作要求导入 Word 表格并进行编辑 ● 能根据制作要求导入 Excel 表格并进行编辑 ● 能根据制作要求创建表格 ● 能根据制作要求设置表格属性 ● 能根据制作要求进行表格和文本互换 ● 能根据制作要求使用制表符命令制作表格	3. 表格的基本概念和类型 ● 解释表格、制表符的概念 ● 列举表格的类型 4. 表格的排版规则 ● 说出表格排版的一般规则 ● 说出特殊表格的排版规则	

学习任务	技能与学习要求	知识与学习要求	参考学时
5. 图形排版	1. 图形导入 ● 能根据制作要求置入图形 ● 能根据制作要求管理图形文件的链接 2. 图形编排 ● 能根据制作要求利用选取工具对图形进行移动、缩放、旋转、斜切、删除、自由变换、对齐、排列及分布 ● 能根据制作要求完成文压图、图压文、文本绕图、图形剪切图像、文本内连图形 ● 能用裁剪路径实现图文绕排 ● 能根据制作要求设置图形的投影效果、羽化边缘、透明效果	1. 图形的概念和导入方法 ● 说出图形的概念 ● 说出图形的导入方法 2. 路径、框架及占位符的概念 ● 说出路径的概念 ● 说出框架的概念 ● 说出占位符的概念 3. 路径的编辑方法 ● 说明基本的路径文本编辑方法	12
6. 图像排版	1. 图像导入 ● 能根据制作要求置入图像 ● 能根据制作要求管理图像文件的链接 2. 图像编排 ● 能根据制作要求利用选取工具对图像进行移动、缩放、旋转、斜切、删除、自由变换、对齐、排列及分布 ● 能根据制作要求完成文压图、图压文、文本绕图、图形剪切图像、文本内连图形 ● 能用裁剪路径实现图文绕排 ● 能根据制作要求设置图像的投影效果、羽化边缘、透明效果	1. 图像的概念和导入方法 ● 说出图像的概念 ● 说出图像的导入方法 2. 图像的排版方法 ● 说出图像排版的基本方法 3. 图文绕排的类型和制作方法 ● 说出图文绕排的基本类型 ● 说出图文绕排的制作方法 4. 图像效果调整的方法 ● 说出图像大小调整的方法 ● 说出图像效果调整的方法	12
7. 完稿处理与文件存储	1. 完稿处理 ● 能操作扩散补漏白与收缩补漏白 ● 能操作黑色叠印 ● 能操作轮廓叠印与填充叠印 ● 能建立与定位质量控制信号条 2. 文件存储 ● 能根据制作要求完成输出前综合检查 ● 能根据制作要求打包输出或导出PDF格式文件	1. 完稿的概念 ● 说出完稿的概念 2. 完稿处理包括的内容 ● 举例说明完稿处理包括的内容 3. 文件格式的类型和特点 ● 说出图文输出常用的文件格式 ● 解释图文输出常用文件格式的特点	6
总学时			54

五、 实施建议

（一）教材编写与选用建议

1. 应依据本课程标准编写教材或选用教材，从国家和市级教育行政部门发布的教材目录中选用教材，优先选用国家和市级规划教材。

2. 教材要充分体现育人功能，紧密结合教材内容、素材，有机融入课程思政要求，将课程思政内容与专业知识、技能有机统一。

3. 转变以教师为中心的传统教材观，教材编写应以学生的"学"为中心，遵循学生学习的特点与规律，以学生的思维方式设计教材结构、组织教材内容。

4. 应以图文排版职业能力的逻辑关系为线索，按照图文排版职业能力培养由易到难、由简单到复杂、由单一到综合的规律，搭建教材的结构框架，确定教材各部分的目标、内容，以及进行相应的学习任务、活动设计等，从而建立起一个结构清晰、层次分明的教材结构体系。

5. 教材在整体设计和内容选取时，要注重引入行业发展的新业态、新知识、新技术、新工艺、新方法，对接相应的职业标准和岗位要求，贴近工作实际，体现先进性和实用性，创设或引入职业情境，增强教材的职场感。

6. 教材应以学生为本，增强对学生的吸引力，贴近岗位技能与知识的要求，符合学生的认知。采用生动活泼的、学生乐于接受的语言和案例等形式呈现内容，使学生在使用教材时有亲切感、真实感。

7. 教材应注重实践内容的可操作性，强调在操作中理解与应用理论。

（二）教学实施建议

1. 切实推进课程思政在教学中的有效落实，寓价值观引导于知识传授和能力培养之中，帮助学生塑造正确的世界观、人生观、价值观。深入梳理教学内容，结合课程特点，深入挖掘课程内容中的思政元素，把思政教学与专业知识、技能教学融为一体，达到润物无声的育人效果。

2. 充分体现职业教育"实践导向、任务引领、理实一体、做学合一"的课改理念，紧密联系行业的实际应用，以图文排版岗位的典型任务为载体，加强理论教学与实践教学的结合，充分利用各种实训场所与设备，以学生为教学主体，以能力为本位，以职业活动为导向，以专业技能为核心，使学生在做中学、学中做，引导学生进行实践和探索，注重培养学生的实际操作能力、分析问题和解决问题的能力。

3. 牢固树立以学生为中心的教学理念，充分尊重学生。教师应成为学生学习的组织者、指导者和同伴，遵循学生的认知特点和学习规律，围绕学生的"学"设计教学活动。

4. 改变传统的灌输式教学，充分调动学生学习的积极性、能动性，采取灵活多样的教学方式，积极探索自主学习、合作学习、探究式学习、问题导向式学习、体验式学习、混合式学习

等体现教学新理念的教学方式,提高学生学习的兴趣。

5. 依托多元的现代信息技术手段,将其有效运用于教学,改进教学方法与手段,提升教学效果。

6. 注重技能训练及重点环节的教学设计,每次活动都力求使学生上一个新台阶,技能训练既有连续性又有层次性。

7. 注重培养学生良好的操作习惯,把标准意识、规范意识、质量意识、安全意识、环保意识、服务意识、职业道德和敬业精神融入教学活动,促进学生综合职业素养的养成。

(三)教学评价建议

1. 以课程标准为依据,开展基于标准的教学评价。

2. 以评促教、以评促学,通过课堂教学及时评价,不断改进教学手段。

3. 教学评价始终坚持德技并重的原则,构建德技融合的专业课教学评价体系,把思政和职业素养的评价内容与要求细化为具体的评价指标,有机融入专业知识与技能的评价指标体系,形成可观察、可测量的评价量表,综合评价学生学习情况。通过有效评价,在日常教学中不断促进学生良好思想品德和职业素养的形成。

4. 注重日常教学中对学生学习的评价,充分利用多种过程性评价工具,如评价表、记录袋等,积累过程性评价数据,形成过程性评价与终结性评价相结合的评价模式。

5. 在日常教学中开展对学生学习的评价时,充分利用信息化手段,借助各类较成熟的教育评价平台,探索线上与线下相结合的评价模式。

(四)资源利用建议

1. 开发适合教学使用的多媒体教学资源库和多媒体教学课件、微课程、示范操作视频。

2. 充分利用网络资源,搭建网络课程平台,开发网络课程,实现优质教学资源共享。

3. 积极利用数字图书馆等资源,使教学内容多元化,以此拓展学生的知识和能力。

4. 充分利用行业企业资源,为学生提供阶段实训,让学生在真实的环境中实践,提升职业综合素质。

5. 充分利用印刷技术开放实训中心,将教学与实训合一,满足学生综合能力培养的要求。

印前输出课程标准

课程名称

印前输出

适用专业

中等职业学校印刷媒体技术专业

一、 课程性质

印前输出是中等职业学校印刷媒体技术专业的一门专业核心课程,也是该专业的一门专业必修课程。其功能是使学生掌握印前输出的相关知识和技能,具备从事印前完稿和印前输出设置工作的基本职业能力。本课程是图形与图像处理、图文排版的后续课程,为学生进一步学习印刷实施、数字印刷、印刷品后加工课程奠定基础。

二、 设计思路

本课程遵循任务引领、做学一体的原则,参照印前处理和制作员、印刷操作员 2 个职业技能等级证书(五级/四级)的相关考核内容,根据印刷媒体技术专业相关职业岗位的工作任务和职业能力分析结果,以印前输出预检、印前输出设置等工作领域所需的基础知识和基本技能为依据而设置。

课程内容紧紧围绕完成印前输出应具备的职业能力要求,同时充分考虑本专业学生对相关理论知识的需要,融入印前处理和制作员、印刷操作员 2 个职业技能等级证书(五级/四级)的相关考核要求。

课程内容的组织按照职业能力发展的规律,以印前输出的基本过程为主线,设置印前输出认知、印前完稿处理、陷印处理、印前检查、PDF 输出设置、PDF 预检、拼版输出 7 个学习任务。以任务为引领,通过任务整合相关知识、技能与态度,充分体现任务引领型课程的特点。

本课程建议学时数为 72 学时。

三、 课程目标

通过本课程的学习,学生能熟悉印前输出相关知识,掌握印前完稿处理、陷印处理、印前检查、PDF 输出、PDF 预检、拼版输出等输出技能,达到印前处理和制作员、印刷操作员 2 个职业技能等级证书(五级/四级)的相关考核要求,形成良好的职业道德和安全意识,具备遵纪守法、求真务实的良好品质,并在此基础上达成以下职业素养和职业能力目标。

(一)职业素养目标

● 树立科学健康的审美观和积极向上的审美情趣,在学习和实践中逐渐扎实技术功底,不断加强艺术修养。

● 具备从事印前操作相关工作的细致耐心、吃苦耐劳的职业精神,逐渐养成爱岗敬业、认真负责、严谨细致、精益求精的职业态度。

● 养成良好的团队合作意识,积极参与团队学习与实践,主动协助同伴完成任务,提高人际沟通能力。

● 严格遵守实训室设备的使用规定和设备操作规范,养成良好的安全操作习惯。

(二)职业能力目标

● 能按照工艺要求完成印前页面、图像及文本样式处理。

● 能按照工艺要求完成专色设置。

● 能根据工艺要求添加各种印版、印刷、印后辅助标记。

● 能按照工艺要求完成印前软件陷印处理。

● 能按照工艺要求完成印前 PDF 工作流程陷印处理。

● 能按照工艺要求完成印前检查及输出。

● 能利用印前输出软件生成符合印刷标准的 PDF 文件格式。

● 能根据工艺要求确定与控制各主要生产节点的工艺参数。

● 能利用印前输出软件实现作业的小册子打印。

● 能利用 Adobe Acrobat 软件进行印前预检。

● 能利用印前 PDF 工作流程预检模块进行 PDF 预检及拼版输出。

四、课程内容与要求

学习任务	技能与学习要求	知识与学习要求	参考学时
1. 印前输出认知	1. 运行印前输出软件 ● 能根据文件后缀名正确判断输出软件的种类 ● 能设置输出软件的基本参数 ● 能转换文件版本 ● 能运用工作流程的模块	1. 印前输出软件的基本功能及后缀名 ● 列举印前输出软件的基本功能 ● 说出印前输出软件的后缀名 2. 工作流程的模块及其功能 ● 列举数字化工作流程的模块 ● 说明数字化工作流程各模块的基本功能	6

（续表）

学习任务	技能与学习要求	知识与学习要求	参考学时
1. 印前输出认知	2. 生成并调用归档文件 ● 能在流程中生成归档文件 ● 能在流程中正确调用归档文件	3. 归档文件的概念和特点 ● 说出归档文件的定义 ● 说明归档文件的特点 4. 归档文件存储的信息和生成方法 ● 列举归档文件存储的信息 ● 说明归档文件的生成方法	
2. 印前完稿处理	1. 设置文档页面 ● 能在图形制作软件中设置页面尺寸 ● 能在排版软件中设置页面 ● 能在图形制作软件中设置颜色模式	1. 页面设置要求及作用 ● 说出页面设置的基本参数 ● 列举页面基本参数的作用 2. 文档的颜色模式及特点 ● 列举文档的颜色模式 ● 说出颜色模式的特点	24
	2. 设置图像精度、尺寸、模式及格式 ● 能在图像处理软件中设置精度 ● 能在图像处理软件中设置尺寸 ● 能在图像处理软件中设置模式 ● 能在图像处理软件中设置格式	3. 图像精度对图像质量的影响及印刷要求 ● 说出图像精度对图像质量的影响 ● 说出符合印刷要求的图像精度 4. 图像尺寸与图像精度的关系 ● 说出图像尺寸与图像精度的关系 5. 图像模式的种类和特点 ● 列举图像模式的种类 ● 说出图像模式的特点 6. 图像格式的种类和特点 ● 列举图像格式的种类 ● 说出图像格式的特点	
	3. 设置图层 ● 能设置刀版层 ● 能设置专色层 ● 能设置烫电化铝层 ● 能设置 UV 层 ● 能设置印刷标记层	7. 图层的功能及作用 ● 说出设置图层的意义 ● 说出图层的功能 ● 说出刀版的作用 ● 说出专色的作用 ● 说出印刷标记的作用 8. 图层的特性 ● 说出电化铝的印刷特性 ● 说出 UV 墨的印刷特性	

学习任务	技能与学习要求	知识与学习要求	参考学时
2. 印前完稿处理	4. 设置专色 ● 能设置刀版色 ● 能设置普通专色 ● 能设置烫电化铝专色 ● 能设置 UV 专色 ● 能设置印刷标记色	9. 专色的作用及特性 ● 说出专色的印刷特性与显色效果 ● 说出设置电化铝专色属性的意义 ● 说出设置 UV 专色属性的意义 ● 说出设置普通专色属性的意义	
	5. 设置字体 ● 能安装字体 ● 能检查字体的缺失状况 ● 能制作与运用复合字体	10. 字体的基本概念 ● 说出常用字库的种类 ● 说出不同字库的区别和特性 ● 说出复合字体的作用	
	6. 设置字符样式 ● 能根据要求设置字符样式 ● 能根据要求调整字符样式	11. 字符样式的作用及属性 ● 列举设置字符样式的作用 ● 说出字符样式包含的字符属性	
	7. 设置段落样式 ● 能根据要求设置段落样式 ● 能根据要求调整段落样式	12. 段落样式的作用及属性 ● 列举设置段落样式的作用 ● 说出段落样式包含的段落属性	
3. 陷印处理	1. 判断陷印处理的情况 ● 能判断需要陷印处理的情况	1. 陷印的概念 ● 概述陷印的定义 ● 列举陷印的作用 ● 概述需要陷印处理的几种情况 ● 说出陷印与叠印的区别	10
	2. 设置陷印 ● 能处理相邻元素之间的陷印 ● 能处理包含与被包含元素之间的陷印 ● 能处理图像之间的陷印 ● 能准确判断陷印处理方向	2. 陷印处理的方法 ● 说出陷印处理的常用方法 ● 说出陷印处理不同方法之间的区别	
	3. 设置陷印处理参数 ● 能根据印刷要求准确设置陷印处理参数	3. 陷印处理参数的作用及影响 ● 说出陷印处理涉及的必要参数及其相应作用 ● 列举陷印参数设置对陷印结果的具体影响	

（续表）

学习任务	技能与学习要求	知识与学习要求	参考学时
3. 陷印处理	4. 检查陷印模块 ● 能正确选择陷印处理的软件 ● 能根据印刷要求准确设置陷印模块参数	4. 印前PDF工作流程中陷印模块的概念 ● 说出印前PDF工作流程中陷印模块与印前软件中陷印功能的区别 ● 说出印前PDF工作流程中陷印模块的优点	
4. 印前检查	图形、图像及排版软件印前检查 ● 能用图形软件中的分色预览检查文件的分色信息 ● 能用排版软件中的分色预览检查文件的分色信息 ● 能用排版软件中的印前预检功能检查文件印前信息 ● 能设置印前预检项目 ● 能根据报错信息采取正确的处理方法	1. 分色预览的内容及特点 ● 说出分色预览检查的内容 ● 列举分色预览与分层预览的区别 2. 印前预检的项目及运行方式 ● 列举印前预检的检查项目 ● 说出印前预检的运行方式 3. 印前预检结果的判断及处理 ● 列举印前预检常见的报错信息 ● 说出根据报错信息可采取的处理方法	8
5. PDF输出设置	1. 印前软件PDF输出 ● 能进行图形制作软件PDF输出设置 ● 能进行排版软件PDF输出设置	1. PDF的概念 ● 概述PDF的定义 ● 概述PDF的标准 2. 输出设置项的作用及影响 ● 列举输出设置项的作用 ● 列举不同输出设置对输出结果的影响	8
	2. 印前软件拼版输出 ● 能进行简单的装订输出 ● 能进行Acrobat Distiller中的PDF设置	3. 印前软件拼版输出的装订方式 ● 列举印前软件拼版输出的装订方式 ● 概述拼版输出的过程 ● 概述Acrobat Distiller中PDF设置项目的作用	
6. PDF预检	1. Adobe Acrobat印前预检 ● 能进行PDF预检配置文件的制作 ● 能添加自定义预检项 ● 能正确设置预检项的参数 ● 能根据输出要求正确选择预检配置文件 ● 能根据预检结果判断PDF是否符合输出要求	1. PDF预检的概念 ● 说出PDF预检的作用 ● 列举PDF预检的检查项目 2. PDF预检的方法及判断依据 ● 概述PDF预检的方法 ● 概述PDF预检结果的判断 3. PDF预检的具体项目内容 ● 描述文档预检内容 ● 描述页面预检内容	12

（续表）

学习任务	技能与学习要求	知识与学习要求	参考学时
6. PDF 预检		● 描述图像预检内容 ● 描述颜色预检内容 ● 描述字体预检内容 ● 描述渲染预检内容 ● 描述标准规范预检内容 ● 概述自定义预检内容	
	2. 印前 PDF 工作流程预检 ● 能进行印前 PDF 工作流程预检模块的设置 ● 能运用印前 PDF 工作流程预检文件 ● 能正确处理预检报错文件	4. 印前 PDF 工作流程预检的概念 ● 说出印前 PDF 工作流程预检的作用 ● 说出印前 PDF 工作流程预检与 Adobe Acrobat 印前预检的区别 5. 印前 PDF 工作流程预检结果处理 ● 概述预检结果处理的过程 ● 列举预检报错原因分析及处理方法	
7. 拼版输出	印前 PDF 工作流程拼版 ● 能按要求选择正确的装订方式 ● 能按要求设置折手 ● 能按要求调整页面顺序 ● 能按要求设置折手的顺序 ● 能按要求设置印刷标记 ● 能按要求设置印后标记	拼版输出的方式和方法 ● 说出常用的装订方式 ● 阐述运用折手进行拼版输出的方法	4
总学时			72

五、 实施建议

（一）教材编写与选用建议

1. 应依据本课程标准编写教材或选用教材，从国家和市级教育行政部门发布的教材目录中选用教材，优先选用国家和市级规划教材。

2. 教材要充分体现育人功能，紧密结合教材内容、素材，有机融入课程思政要求，将课程思政内容与专业知识、技能有机统一。

3. 转变以教师为中心的传统教材观，教材编写应以学生的"学"为中心，遵循学生学习的特点与规律，以学生的思维方式设计教材结构、组织教材内容。

4. 应以印前输出职业能力的逻辑关系为线索，按照印前输出职业能力培养由易到难、由简单到复杂、由单一到综合的规律，搭建教材的结构框架，确定教材各部分的目标、内容，以及进行相应的学习任务、活动设计等,从而建立起一个结构清晰、层次分明的教材结构体系。

5. 教材在整体设计和内容选取时,要注重引入行业发展的新业态、新知识、新技术、新工艺、新方法,对接相应的职业标准和岗位要求,贴近工作实际,体现先进性和实用性,创设或引入职业情境,增强教材的职场感。

6. 教材应以学生为本,增强对学生的吸引力,贴近岗位技能与知识的要求,符合学生的认知。采用生动活泼的、学生乐于接受的语言和案例等形式呈现内容,使学生在使用教材时有亲切感、真实感。

7. 教材应注重实践内容的可操作性,强调在操作中理解与应用理论。

（二）教学实施建议

1. 切实推进课程思政在教学中的有效落实,寓价值观引导于知识传授和能力培养之中,帮助学生塑造正确的世界观、人生观、价值观。深入梳理教学内容,结合课程特点,深入挖掘课程内容中的思政元素,把思政教学与专业知识、技能教学融为一体,达到润物无声的育人效果。

2. 充分体现职业教育"实践导向、任务引领、理实一体、做学合一"的课改理念,紧密联系行业的实际应用,以印前输出岗位的典型任务为载体,加强理论教学与实践教学的结合,充分利用各种实训场所与设备,以学生为教学主体,以能力为本位,以职业活动为导向,以专业技能为核心,使学生在做中学、学中做,引导学生进行实践和探索,注重培养学生的实际操作能力、分析问题和解决问题的能力。

3. 牢固树立以学生为中心的教学理念,充分尊重学生。教师应成为学生学习的组织者、指导者和同伴,遵循学生的认知特点和学习规律,围绕学生的"学"设计教学活动。

4. 改变传统的灌输式教学,充分调动学生学习的积极性、能动性,采取灵活多样的教学方式,积极探索自主学习、合作学习、探究式学习、问题导向式学习、体验式学习、混合式学习等体现教学新理念的教学方式,提高学生学习的兴趣。

5. 依托多元的现代信息技术手段,将其有效运用于教学,改进教学方法与手段,提升教学效果。

6. 注重技能训练及重点环节的教学设计,每次活动都力求使学生上一个新台阶,技能训练既有连续性又有层次性。

7. 注重培养学生良好的操作习惯,把标准意识、规范意识、质量意识、安全意识、环保意识、服务意识、职业道德和敬业精神融入教学活动,促进学生综合职业素养的养成。

（三）教学评价建议

1. 以课程标准为依据,开展基于标准的教学评价。

2. 以评促教、以评促学,通过课堂教学及时评价,不断改进教学手段。

3. 教学评价始终坚持德技并重的原则,构建德技融合的专业课教学评价体系,把思政和职业素养的评价内容与要求细化为具体的评价指标,有机融入专业知识与技能的评价指标体系,形成可观察、可测量的评价量表,综合评价学生学习情况。通过有效评价,在日常教学中不断促进学生良好思想品德和职业素养的形成。

4. 注重日常教学中对学生学习的评价,充分利用多种过程性评价工具,如评价表、记录袋等,积累过程性评价数据,形成过程性评价与终结性评价相结合的评价模式。

5. 在日常教学中开展对学生学习的评价时,充分利用信息化手段,借助各类较成熟的教育评价平台,探索线上与线下相结合的评价模式。

(四)资源利用建议

1. 开发适合教学使用的多媒体教学资源库和多媒体教学课件、微课程、示范操作视频。

2. 充分利用网络资源,搭建网络课程平台,开发网络课程,实现优质教学资源共享。

3. 积极利用数字图书馆等资源,使教学内容多元化,以此拓展学生的知识和能力。

4. 充分利用行业企业资源,为学生提供阶段实训,让学生在真实的环境中实践,提升职业综合素质。

5. 充分利用印刷技术开放实训中心,将教学与实训合一,满足学生综合能力培养的要求。

印刷前准备课程标准

▎课程名称

印刷前准备

▎适用专业

中等职业学校印刷媒体技术专业

一、 课程性质

印刷前准备是中等职业学校印刷媒体技术专业的一门专业核心课程,也是该专业的一门专业必修课程。其功能是使学生掌握纸张、油墨、版材、橡皮布和墨辊的识别与选用,以及润版液的配制等相关知识和技能,具备从事平版印刷工作的基本职业能力。本课程是印刷概论、印刷色彩基础与应用的后续课程,为学生进一步学习印刷机结构调节、印刷检测、印刷实施等课程奠定基础。

二、 设计思路

本课程遵循任务引领、做学一体的原则,参照印刷操作员职业技能等级证书(五级/四级)的相关考核内容,根据印刷媒体技术专业相关职业岗位的工作任务和职业能力分析结果,以印刷操作员进行平版印刷和柔性版印刷的印刷前准备工作所需的基础知识和基本技能为依据而设置。

课程内容紧紧围绕各类印刷物料的识别与选用等平版印刷和柔性版印刷的印刷前准备应具备的职业能力要求,同时充分考虑本专业学生对相关理论知识的需要,融入印刷操作员职业技能等级证书(五级/四级)的相关考核要求。

课程内容的组织按照职业能力发展的规律,以平版印刷和柔性版印刷前的印刷物料准备的实施过程为主线,设置生产施工单认知、印刷用纸识别与选用、油墨识别与选用、橡皮布和衬垫识别与选用、印版识别与选用、平版胶印墨辊识别与选用、润湿液配制 7 个学习任务。以任务为引领,通过任务整合相关知识、技能与态度,充分体现任务引领型课程的特点。

本课程建议学时数为 72 学时。

三、 课程目标

通过本课程的学习,学生能熟悉纸张、油墨、橡皮布、印版、墨辊、润湿液等物料的基础知识,以及它们与印刷的关系,掌握这些物料的识别与选用等基本技能,达到印刷操作员职业技能等级证书(五级/四级)的相关考核要求,并在此基础上达成以下职业素养和职业能力目标。

（一）职业素养目标

- 树立科学健康的审美观和积极向上的审美情趣,在学习和实践中逐渐扎实技术功底,不断加强艺术修养。
- 具备从事印刷操作相关工作的细致耐心、吃苦耐劳的职业精神,逐渐养成爱岗敬业、认真负责、严谨细致、精益求精的职业态度。
- 养成良好的团队合作意识,积极参与团队学习与实践,主动协助同伴完成任务,提高人际沟通能力。
- 严格遵守实训室设备的使用规定和设备操作规范,养成良好的安全操作习惯。

（二）职业能力目标

- 能根据施工单领取印刷所需的纸张、油墨、印版和橡皮布。
- 能准确识别常见印刷用纸的种类和规格,并通过目测判断纸的外观质量。
- 能判断纸的丝缕方向,并对纸的物理性能做规范检测。
- 能整理印刷纸张。
- 能根据印刷方式和要求选取合适的油墨。
- 能通过目测判断油墨的表观质量,并规范测量各类油墨的基本印刷适性。
- 能调配专色油墨。
- 能准确识别橡皮布的种类,通过目测判断橡皮布的表面质量,并规范测量其厚度。
- 能通过目测检查平版胶印印版的表面质量。
- 能识别平版胶印机输墨装置中的墨辊类型,并对墨辊的基本性能做规范检测。
- 能根据平版印刷机润湿装置的类型选用合适种类的润湿液原液。
- 能根据印刷设备润湿装置及润版原液的特性规范完成润湿液的配制。
- 能规范测量润湿液的基本参数值,并根据印刷要求将其调整至所需的区间。

四、 课程内容与要求

学习任务	技能与学习要求	知识与学习要求	参考学时
1. 生产施工单认知	生产施工单的认知 ● 能说出生产施工单的基本构成 ● 能根据生产施工单正确领取印刷实施时使用的各类印刷物料	生产施工单的作用及基本构成 ● 记住生产施工单的作用 ● 列举生产施工单的基本组成 ● 复述审核生产施工单的基本原则	4

(续表)

学习任务	技能与学习要求	知识与学习要求	参考学时
2. 印刷用纸识别与选用	1. 印刷用纸种类和规格的识别 ● 能准确识别常见印刷用纸的种类 ● 能准确判断常见印刷用纸的规格 ● 能根据产品特点正确选择纸张、纸板、特种承印材料品种	1. 印刷用纸的种类和特点 ● 记住纸张和纸板的定义 ● 列举常用纸张的种类 ● 列举常用纸板的种类 ● 记住常用纸张和纸板的特点 2. 印刷用纸的规格 ● 记住单张纸和卷筒纸的区别 ● 列举常用印刷单张纸的规格 ● 列举常用印刷卷筒纸的规格	20
	2. 纸外观质量的判别 ● 能通过目测法判断纸张和纸板的外观质量 ● 能初步判断纸张的外观缺陷对印刷实施的影响	3. 纸张和纸板的定义及外观质量要求 ● 记住纸张和纸板的定义 ● 复述合格印刷用纸的外观质量要求 4. 纸外观缺陷的类型和特点 ● 列举印刷用纸常见外观缺陷的类型 ● 复述印刷用纸常见外观缺陷的特点 ● 归纳印刷用纸常见外观缺陷对印刷品质量的影响	
	3. 纸正反面和丝缕方向的判定 ● 能准确判断纸张和纸板的正反面 ● 能准确判断纸张和纸板的丝缕方向	5. 纸的正反面的定义和特点 ● 记住纸正面和反面的定义 ● 说出纸正面和反面的特点 ● 归纳判断纸张和纸板正反面的原则 6. 纸丝缕方向的定义和特点 ● 记住纸丝缕方向的定义 ● 说出横、纵丝缕纸的特点 7. 纸的丝缕方向对印刷质量的影响 ● 归纳撕纸法和浸水法判断横、纵丝缕纸的操作步骤 ● 解释横、纵丝缕纸对印刷质量的影响	
	4. 纸基本物理性能的测量 ● 能规范使用仪器检测纸的定量、厚度、白度等基本物理性能值 ● 能根据测量所得的基本物理性能值初步判断用纸是否符合印刷实施的要求	8. 纸的定量的定义和测定方法 ● 记住纸的定量的定义 ● 说出使用电子天平测量纸的定量的步骤和注意事项 ● 解释纸的定量值对印刷实施的影响	

学习任务	技能与学习要求	知识与学习要求	参考学时
2. 印刷用纸识别与选用		9. 纸的厚度的定义和测定方法 ● 记住纸的厚度的定义 ● 说出使用螺旋测微器测量纸的厚度的步骤和注意事项 ● 解释纸的厚度值对印刷实施的影响 10. 纸的白度的定义和测定方法 ● 记住纸的白度的定义 ● 说出使用白度仪测量纸张白度的步骤和注意事项 ● 解释纸的白度值对印刷实施的影响	
	5. 纸张计数与堆放 ● 能正确计数印刷纸张 ● 能按照要求对印刷纸张进行堆放	11. 纸张的计数方法及要求 ● 归纳纸张的计数方法 ● 复述数纸的要求 12. 堆纸的基本要求 ● 说明堆纸的基本要求	
	6. 敲纸 ● 能熟练地对平张纸进行敲纸	13. 敲纸的要点和技巧 ● 说明敲纸的要点 ● 熟悉敲纸的技巧	
3. 油墨识别与选用	1. 油墨种类的选择 ● 能根据印刷方式的不同选用合适的油墨种类 ● 能根据承印材料的不同选用合适的油墨种类 ● 能根据油墨型号分辨油墨品种	1. 油墨的种类和作用 ● 列举油墨的种类 ● 复述油墨在印刷中的作用 ● 复述油墨各组分的作用 2. 油墨的分类和特点 ● 说出油墨的分类方式和型号编制规则 ● 归纳胶印油墨的种类和特点	16
	2. 油墨表观质量的鉴别 ● 能通过目测法判断油墨表面是否被污染 ● 能通过目测法判断油墨表面是否结皮 ● 能通过目测法判断油墨表面是否结块	3. 油墨表观质量的指标类型和特点 ● 列举油墨表观质量的指标类型 ● 归纳印刷实施对油墨表观质量的要求 ● 记住被污染油墨的特点 ● 记住油墨结皮和结块的特点	

（续表）

学习任务	技能与学习要求	知识与学习要求	参考学时
3. 油墨识别与选用	3. 油墨性能的测试和判定 ● 能规范检测油墨的色相和着色力 ● 能使用平行板黏度仪和察恩杯测定油墨的黏度 ● 能使用印刷适性仪测定油墨的流动性能及干燥性能 ● 能根据印刷品质量要求初步调节油墨的流动性能 ● 能根据印刷品质量要求初步调节油墨的干燥性能 ● 能使用酸度计规范测量水性油墨的 pH 值	4. 油墨色相、着色力的定义以及印刷品质量对其的基本要求 ● 记住油墨色相和着色力的定义 ● 归纳印刷品质量对油墨色相和着色力的基本要求 5. 油墨色相和着色力的测量仪器与步骤 ● 油墨色相和着色力的测量仪器 ● 复述展色仪和分光光度计的操作步骤 ● 归纳刮样法对油墨颜色质量的评价内容 6. 油墨黏度的定义和印刷品质量对其的基本要求 ● 记住油墨黏度的定义 ● 归纳不同印刷方式对油墨黏度的基本要求 ● 复述平行板黏度仪和察恩杯的操作步骤 7. 印刷方式及承印材料对油墨的流动性能和干燥性能的基本要求 ● 归纳不同印刷方式对油墨流动性能和干燥性能的基本要求 ● 归纳不同承印材料对油墨流动性能和干燥性能的基本要求 ● 复述胶印印刷适性仪的操作步骤 8. 水性油墨 pH 值的测量步骤 ● 复述酸度计的操作步骤	
	4. 专色调配 ● 能与客户就原稿颜色进行分析、交流 ● 能根据客户提供的原稿在色谱上找到相近色样 ● 能调配出原色加冲淡剂的系列专色 ● 能调配出间色油墨 ● 能调配出复色油墨	9. 专色调配及纠正色相的方法 ● 简述印刷油墨的呈色原理 ● 知道专色调配的方法 ● 说出调配专色墨纠正色相的方法 ● 简述密度仪的正确使用方法	

(续表)

学习任务	技能与学习要求	知识与学习要求	参考学时
4. 橡皮布和衬垫识别与选用	1. 橡皮布的识别与选用 ● 能准确识别普通橡皮布和气垫橡皮布 ● 能正确辨别橡皮布的外观质量 ● 能根据平版印刷机种类、印刷速度和质量要求选择合适的橡皮布类型 ● 能规范操作螺旋测微器测量橡皮布的厚度	1. 普通橡皮布的特点和作用 ● 复述普通橡皮布的特点 ● 说出普通橡皮布的结构及各部分的作用 ● 列举普通橡皮布的使用场合 2. 气垫橡皮布的特点和作用 ● 复述气垫橡皮布的特点 ● 说出气垫橡皮布的结构及各部分的作用 ● 列举气垫橡皮布的使用场合 3. 橡皮布的表观质量和厚度要求 ● 复述印刷实施时对橡皮布的质量要求 ● 记住螺旋测微器测量橡皮布的部位 ● 归纳橡皮布平整度的要求	8
	2. 衬垫的识别与选用 ● 能根据橡皮布的种类选择合适的衬垫材料 ● 能根据平版印刷机的印刷速度和质量要求完成包衬类型的配置	4. 衬垫的作用和种类 ● 复述衬垫的作用 ● 记住不同衬垫种类的特点 ● 归纳衬垫材料的质量要求 ● 复述衬垫材料的使用要求 5. 不同包衬的构成和性能 ● 列举决定包衬性质的因素 ● 记住不同包衬性质的基本构成 ● 概述不同包衬性质的印刷性能	
5. 印版识别与选用	1. 印版的鉴别与选用 ● 能根据印刷方式的不同选择印版的种类 ● 能准确鉴别印版的色别和网点角度 ● 能根据样张选用对应的印版 ● 能根据环境要求保存印版	1. 印版的种类 ● 列举印版的种类 ● 记住平版胶印印版的版面特征 ● 记住柔性版印刷印版的版面特征 2. 印版选用的方法和要求 ● 说出常用的网线角度 ● 说出常用的网点形状 ● 说出印版色别和网点角度的鉴别方法 ● 列举选用印版的原则和要求 ● 列举印版保存的环境要求	8

（续表）

学习任务	技能与学习要求	知识与学习要求	参考学时
5. 印版识别与选用	2. 印版表观质量的判定 ● 检查印版的尺寸和规矩线是否合规 ● 能根据印刷样张检查印版图文的方向、位置和质量是否合规 ● 能通过目测检查平版胶印印版表面是否存在脏点 ● 能对平版胶印印版进行除脏、擦胶处理	3. 印版的表观质量要求 ● 复述印版的尺寸和规矩线要求 ● 根据样张说明印版图文的方向、位置和质量要求 4. 平版胶印印版的脏点鉴别方法和步骤 ● 说出印版脏点的鉴别方法 ● 复述印版除脏的步骤 ● 概述印版空白部分的质量要求 ● 记住印版擦胶的作用	
6. 平版胶印墨辊识别与选用	1. 墨辊类型的判断 ● 能根据胶印机的种类初步判断输墨系统的特性 ● 能准确识别胶印机输墨装置中的墨辊类型 2. 墨辊性能的测试和选择 ● 能规范使用游标卡尺测量墨辊的外径尺寸 ● 能规范使用硬度计测量墨辊的橡胶硬度 ● 能根据印刷要求选择合适性能指标的墨辊 ● 能对印刷墨辊进行清洁与保养	1. 胶印机输墨装置的特点和作用 ● 记住输墨装置在印刷中的作用 ● 归纳不同类型胶印机输墨装置的特点 2. 墨辊的种类和作用 ● 列举输墨装置中墨辊的种类 ● 复述不同种类墨辊在印刷中的作用 ● 记住输墨装置中墨辊排列的原则和顺序 3. 墨辊的外径尺寸要求和测量方法 ● 复述输墨装置中各类墨辊的外径尺寸要求 ● 记住游标卡尺的使用方法和步骤 4. 墨辊的橡胶硬度要求和测量方法 ● 复述输墨装置中各类墨辊的橡胶硬度要求 ● 记住硬度计的使用方法和步骤 5. 墨辊的保养清洁方法 ● 列举墨辊的维护保养方法	8
7. 润湿液配制	1. 润湿液的选用 ● 能准确判断润湿液的种类 ● 能根据胶印机润湿装置的类型选用合适的润湿液原液	1. 润湿液的种类和特点 ● 归纳使用润湿液的目的 ● 概括润湿液配方选择的依据 ● 列举润湿液的种类 ● 记住普通润湿液、酒精润湿液的特点	8

（续表）

学习任务	技能与学习要求	知识与学习要求	参考学时
7. 润湿液配制	2. 润湿液的配制 ● 能根据印刷设备润湿装置及润版液原液特性规范完成普通润湿液的配制 ● 能根据印刷设备润湿装置及润版液原液特性规范完成酒精润湿液的配制	2. 润湿液配比的要求和配制步骤 ● 归纳印刷实施时对不同种类润湿液配制的要求 ● 复述普通润湿液的配制步骤和要点 ● 复述酒精润湿液的配制步骤和要点	
	3. 润湿液主要性能参数的测试 ● 能使用电导率仪规范测量润湿液的 pH 值和电导率 ● 能使用密度仪测量酒精润湿液中酒精的浓度	3. pH 值的定义和测量方法 ● 记住 pH 值的定义 ● 复述印刷实施对润版液 pH 值区间的要求 4. 电导率的定义和测量方法 ● 记住电导率的定义 ● 复述印刷实施对润版液电导率区间的要求 ● 解释 pH 值和电导率之间的关系 ● 记住电导率仪的使用方法和操作步骤 5. 酒精润版液中酒精浓度的作用和要求 ● 说出酒精润版液中酒精的作用 ● 复述印刷实施对酒精润版液中酒精浓度的要求 ● 记住密度仪的使用方法和操作步骤	
总学时			72

五、 实施建议

（一）教材编写与选用建议

1. 应依据本课程标准编写教材或选用教材，从国家和市级教育行政部门发布的教材目录中选用教材，优先选用国家和市级规划教材。

2. 教材要充分体现育人功能，紧密结合教材内容、素材，有机融入课程思政要求，将课程思政内容与专业知识、技能有机统一。

3. 转变以教师为中心的传统教材观，教材编写应以学生的"学"为中心，遵循学生学习的特点与规律，以学生的思维方式设计教材结构、组织教材内容。

4. 应以印刷前准备职业能力的逻辑关系为线索，按照印刷前准备职业能力培养由易到难、由简单到复杂、由单一到综合的规律,搭建教材的结构框架,确定教材各部分的目标、内容,以及进行相应的学习任务、活动设计等,从而建立起一个结构清晰、层次分明的教材结构体系。

5. 教材在整体设计和内容选取时,要注重引入行业发展的新业态、新知识、新技术、新工艺、新方法,对接相应的职业标准和岗位要求,贴近工作实际,体现先进性和实用性,创设或引入职业情境,增强教材的职场感。

6. 教材应以学生为本,增强对学生的吸引力,贴近岗位技能与知识的要求,符合学生的认知。采用生动活泼的、学生乐于接受的语言和案例等形式呈现内容,使学生在使用教材时有亲切感、真实感。

7. 教材应注重实践内容的可操作性,强调在操作中理解与应用理论。

(二)教学实施建议

1. 切实推进课程思政在教学中的有效落实,寓价值观引导于知识传授和能力培养之中,帮助学生塑造正确的世界观、人生观、价值观。深入梳理教学内容,结合课程特点,深入挖掘课程内容中的思政元素,把思政教学与专业知识、技能教学融为一体,达到润物无声的育人效果。

2. 充分体现职业教育"实践导向、任务引领、理实一体、做学合一"的课改理念,紧密联系行业的实际应用,以印刷前准备岗位的典型任务为载体,加强理论教学与实践教学的结合,充分利用各种实训场所与设备,以学生为教学主体,以能力为本位,以职业活动为导向,以专业技能为核心,使学生在做中学、学中做,引导学生进行实践和探索,注重培养学生的实际操作能力、分析问题和解决问题的能力。

3. 牢固树立以学生为中心的教学理念,充分尊重学生。教师应成为学生学习的组织者、指导者和同伴,遵循学生的认知特点和学习规律,围绕学生的"学"设计教学活动。

4. 改变传统的灌输式教学,充分调动学生学习的积极性、能动性,采取灵活多样的教学方式,积极探索自主学习、合作学习、探究式学习、问题导向式学习、体验式学习、混合式学习等体现教学新理念的教学方式,提高学生学习的兴趣。

5. 依托多元的现代信息技术手段,将其有效运用于教学,改进教学方法与手段,提升教学效果。

6. 注重技能训练及重点环节的教学设计,每次活动都力求使学生上一个新台阶,技能训练既有连续性又有层次性。

7. 注重培养学生良好的操作习惯,把标准意识、规范意识、质量意识、安全意识、环保意识、服务意识、职业道德和敬业精神融入教学活动,促进学生综合职业素养的养成。

（三）教学评价建议

1. 以课程标准为依据，开展基于标准的教学评价。

2. 以评促教、以评促学，通过课堂教学及时评价，不断改进教学手段。

3. 教学评价始终坚持德技并重的原则，构建德技融合的专业课教学评价体系，把思政和职业素养的评价内容与要求细化为具体的评价指标，有机融入专业知识与技能的评价指标体系，形成可观察、可测量的评价量表，综合评价学生学习情况。

4. 本课程的考核内容主要包括理论知识模块、职业素养模块以及操作技能模块。理论知识模块主要采用笔试方式进行评价。职业素养模块主要采用过程性评价方式，客观记录学生的遵章守纪、学习态度、规范意识、安全与环保意识、合作意识等情况。操作技能模块采用现场实际操作考核的方式，评价学生在印刷前准备过程中的操作技能。

5. 注重日常教学中对学生学习的评价，充分利用多种过程性评价工具，如评价表、记录袋等，积累过程性评价数据，形成过程性评价与终结性评价相结合的评价模式。

6. 在日常教学中开展对学生学习的评价时，充分利用信息化手段，借助各类较成熟的教育评价平台，探索线上与线下相结合的评价模式。

（四）资源利用建议

1. 开发适合教学使用的多媒体教学资源库和多媒体教学课件、微课程、示范操作视频。

2. 充分利用网络资源，搭建网络课程平台，开发网络课程，实现优质教学资源共享。

3. 积极利用数字图书馆等资源，使教学内容多元化，以此拓展学生的知识和能力。

4. 充分利用行业企业资源，为学生提供阶段实训，让学生在真实的环境中实践，提升职业综合素质。

5. 充分利用印刷技术开放实训中心，将教学与实训合一，满足学生综合能力培养的要求。

印刷机结构调节课程标准

课程名称

印刷机结构调节

适用专业

中等职业学校印刷媒体技术专业

一、 课程性质

印刷机结构调节是中等职业学校印刷媒体技术专业的一门专业核心课程,也是该专业的一门专业必修课程。其功能是使学生了解和掌握平版印刷机的结构、性能、工作原理,以及平版印刷机结构调节与维护等基础知识和基本技能,具备从事印刷操作员岗位所需的职业能力。本课程是印刷前准备的后续课程,为学生进一步学习印刷检测、印刷实施等课程奠定基础。

二、 设计思路

本课程遵循任务引领、做学一体的原则,参照印刷操作员职业技能等级证书(五级/四级)的相关考核内容,根据印刷媒体技术专业相关职业岗位的工作任务和职业能力分析结果,以印刷机结构调节相关工作所需的基础知识和基本技能为依据而设置。

课程内容紧紧围绕完成印刷机结构调节相关工作任务应具备的职业能力要求,同时充分考虑本专业学生对相关理论知识的需要,融入印刷操作员职业技能等级证书(五级/四级)的相关考核要求。

课程内容的组织按照职业能力发展的规律,以典型印刷机的主要结构为主线,设置印刷机认知、输纸装置调节、定位和递纸装置调节、压印装置调节、输墨与润湿装置调节、收纸装置调节、平版印刷机保养与维护 7 个学习任务。以任务为引领,通过任务整合相关知识、技能与态度,充分体现任务引领型课程的特点。

本课程建议学时数为 72 学时。

三、 课程目标

通过本课程的学习,学生能熟悉平版印刷机各功能模块的结构及特点、性能、工作原理,能熟练地进行平版印刷机各功能装置的调节操作,并进行简单的维护与保养,达到印刷操作员职业技能等级证书(五级/四级)的相关考核要求,并在此基础上达成以下职业素养和职业能力目标。

(一)职业素养目标

- 树立科学健康的审美观和积极向上的审美情趣,在学习和实践中逐渐扎实技术功底,不断加强艺术修养。

- 具备从事印刷操作相关工作的细致耐心、吃苦耐劳的职业精神,逐渐养成爱岗敬业、认真负责、严谨细致、精益求精的职业态度。

- 养成良好的团队合作意识,积极参与团队学习与实践,主动协助同伴完成任务,提高人际沟通能力。

- 严格遵守实训室设备的使用规定和设备操作规范,养成良好的安全操作习惯。

(二)职业能力目标

- 能识别印刷机的类型及型号。

- 能识别胶印机传动系统的结构。

- 能根据纸张规格对纸张分离机构进行调节。

- 能正确调节纸张输送机构。

- 能正确调节自动控制机构。

- 能根据印刷要求熟练调节定位和递纸装置。

- 能根据印刷要求对印刷机的压力进行调节。

- 能熟练拆卸和安装橡皮布。

- 能正确调节输墨装置。

- 能正确调节润湿装置。

- 能对收纸装置进行调节。

- 能对平版印刷机结构调节故障进行排除。

- 能对平版印刷机进行简单的保养与维护。

四、 课程内容与要求

学习任务	技能与学习要求	知识与学习要求	参考学时
1. 印刷机认知	1. 印刷机型号识读 ● 能识别各种印刷机型号和规格	1. 印刷机的分类及命名规则 ● 简述印刷机的分类方法 ● 说出国产印刷机型号的命名规则 ● 列举国内外常见印刷机机型	6

（续表）

学习任务	技能与学习要求	知识与学习要求	参考学时
1. 印刷机认知	2. 印刷机结构识别 ● 能识别印刷机的基本结构 3. 单色、多色胶印机传动系统识别 ● 能识别单色胶印机传动系统各部件结构 ● 能识别多色胶印机传动系统各部件结构 4. 印刷机控制系统认知 ● 能识别印刷机控制系统各部件	2. 印刷机的组成及作用 ● 说出印刷机的组成 ● 简述印刷机各组成部分的作用 3. 单色胶印机传动系统的结构及作用 ● 简述单色胶印机传动系统的结构 ● 知道单色胶印机传动系统各组成部分的作用 4. 多色胶印机传动系统的结构及作用 ● 简述多色胶印机传动系统的结构 ● 知道多色胶印机传动系统各组成部分的作用 5. 印刷机控制系统的结构及工作原理 ● 说明印刷机自动控制系统的组成 ● 概述印刷机自动控制系统的功能 ● 简述印刷机自动控制系统的基本原理	
2. 输纸装置调节	输纸装置调节 ● 能按纸张规格调整纸张分离机构 ● 能调节输纸台的高低和左右位置 ● 能正确调节自动控制机构 ● 能调节风量	输纸装置的组成及调节要求 ● 说出纸张分离机构的组成和调节要求 ● 说明输纸台高低和左右位置的结构与调节要求 ● 知道输纸台板送纸轮、输纸传送带的调节要求 ● 复述输纸装置各部件交接时间的调节要求和方法 ● 知道双张控制器的调节要求 ● 列举气路控制的方法和要求	12
3. 定位和递纸装置调节	1. 定位装置调节 ● 能根据印刷要求正确调节前规位置 ● 能根据印刷要求正确调节侧规位置	1. 定位装置的结构和调节要求 ● 解释纸张定位的原理 ● 说出前规的结构和调节要求 ● 说明侧规的结构和调节要求	6

学习任务	技能与学习要求	知识与学习要求	参考学时
3. 定位和递纸装置调节	2. 递纸装置调节 ● 能正确调节递纸装置的交接时间 ● 能正确调节递纸装置的位置 3. 递纸装置故障排除 ● 能初步排除常见递纸故障	2. 递纸装置的工作原理及调节方法 ● 复述递纸装置的工作原理 ● 归纳递纸装置的种类 ● 说出递纸装置调节方法与要求 3. 递纸装置常见故障排除方法 ● 简述常见递纸故障的排除方法	
4. 压印装置调节	1. 胶印机中心距机构调节 ● 能按照印刷要求正确调节印刷压力 2. 装、卸橡皮布 ● 能垫补橡皮布回陷部位 ● 能熟练装、卸橡皮布 ● 能独立检查橡皮布的安装质量 3. 印刷压力调节 ● 能调节着墨辊和串墨辊之间的压力 ● 能调节着墨辊和印版之间的压力 ● 能调节串墨辊串动量 ● 能正确校正墨辊压力	1. 印刷机滚筒的组成及调节 ● 说出印刷机滚筒排列类型及特点 ● 说明印刷机滚筒的种类 ● 说明滚筒的组成 2. 滚筒的原理及调节方法 ● 列举印版滚筒与传动轴调节方法 ● 简述借滚筒的原理 ● 说出借滚筒的调节方法 3. 印刷机压印原理 ● 知道印刷机离合压印原理 ● 复述调节滚筒的中心距的方法 ● 简述印刷压力的设定和调节方法 4. 装、卸橡皮布的步骤与注意事项 ● 列举检查橡皮布安装质量的方法 ● 知道装、卸橡皮布的步骤 ● 说明橡皮布的质量标准及适用要求	16
5. 输墨与润湿装置调节	1. 输墨装置调节 ● 能熟练节着墨供墨量 ● 能调节着墨辊和串墨辊之间的压力 ● 能调节着墨辊和印版之间的压力 2. 润湿装置调节 ● 能熟练调节供水量 ● 能调节着水辊和串水辊之间的压力 ● 能校正着水辊和印版之间压力	1. 输墨装置的组成、工作原理及调节方法 ● 说出输墨装置的组成、种类和特点 ● 简述供墨装置的工作原理和调节方法 ● 知道墨辊的压力调节 2. 润湿装置的组成、工作原理及调节方法 ● 说出润湿装置的组成、种类和特点 ● 简述润湿装置的工作原理及调节要求和方法 ● 知道水辊的压力调节方法	16

（续表）

学习任务	技能与学习要求	知识与学习要求	参考学时
6. 收纸装置调节	收纸链条调节 ● 能正确调节收纸链条叼牙排的交接位置 ● 能判断链条的松紧并能正确调节	收纸装置的结构及调节方法 ● 知道收纸滚筒、收纸链条叼牙排结构 ● 列举牙排调节的要求和方法 ● 简述收纸辅助装置的工作原理及调节方法	4
7. 平版印刷机保养与维护	1. 平版印刷机结构调节故障排除 ● 能检查出平版印刷机结构调节的各种故障 ● 能排除平版印刷机结构调节的各种故障	1. 平版印刷机结构调节故障的相关知识 ● 说出平版印刷机结构调节故障发生的规律 ● 列举平版印刷机结构调节故障检查的主要内容 ● 简述平版印刷机结构调节故障排除的方法	12
	2. 平版印刷机各装置保养 ● 能按设备要求对输纸装置进行清洁 ● 能按设备要求对压印装置进行清洁 ● 能按设备要求对递纸装置进行清洁 ● 能按设备要求对输水、输墨装置进行清洁 ● 能按设备要求对收纸装置进行清洁 ● 能对设备及周围环境进行保洁 ● 能对设备有标识的润滑部位进行润滑	2. 平版印刷机各装置的清洁要求 ● 简述平版印刷机输纸部件的清洁要求 ● 简述平版印刷机压印装置的清洁要求 ● 简述平版印刷机递纸装置的清洁要求 ● 简述平版印刷机输水、输墨装置的清洁要求 ● 简述平版印刷机收纸装置的清洁要求	
	3. 平版印刷机维护 ● 能在停机时检查机器上的遗留异物 ● 能在停机时检查控制部件的灵敏度 ● 能在停机时检查安全防护装置	3. 平版印刷机维护的要求 ● 简述平版印刷机维护的要求与步骤	
总学时			72

五、 实施建议

(一) 教材编写与选用建议

1. 应依据本课程标准编写教材或选用教材,从国家和市级教育行政部门发布的教材目录中选用教材,优先选用国家和市级规划教材。

2. 教材要充分体现育人功能,紧密结合教材内容、素材,有机融入课程思政要求,将课程思政内容与专业知识、技能有机统一。

3. 转变以教师为中心的传统教材观,教材编写应以学生的"学"为中心,遵循学生学习的特点与规律,以学生的思维方式设计教材结构、组织教材内容。

4. 应以印刷机结构调节职业能力的逻辑关系为线索,按照印刷机结构调节职业能力培养由易到难、由简单到复杂、由单一到综合的规律,搭建教材的结构框架,确定教材各部分的目标、内容,以及进行相应的学习任务、活动设计等,从而建立起一个结构清晰、层次分明的教材结构体系。

5. 教材在整体设计和内容选取时,要注重引入行业发展的新业态、新知识、新技术、新工艺、新方法,对接相应的职业标准和岗位要求,贴近工作实际,体现先进性和实用性,创设或引入职业情境,增强教材的职场感。

6. 教材应以学生为本,增强对学生的吸引力,贴近岗位技能与知识的要求,符合学生的认知。采用生动活泼的、学生乐于接受的语言和案例等形式呈现内容,使学生在使用教材时有亲切感、真实感。

7. 教材应注重实践内容的可操作性,强调在操作中理解与应用理论。

(二) 教学实施建议

1. 切实推进课程思政在教学中的有效落实,寓价值观引导于知识传授和能力培养之中,帮助学生塑造正确的世界观、人生观、价值观。深入梳理教学内容,结合课程特点,深入挖掘课程内容中的思政元素,把思政教学与专业知识、技能教学融为一体,达到润物无声的育人效果。

2. 充分体现职业教育"实践导向、任务引领、理实一体、做学合一"的课改理念,紧密联系行业的实际应用,以印刷机结构调节岗位的典型任务为载体,加强理论教学与实践教学的结合,充分利用各种实训场所与设备,以学生为教学主体,以能力为本位,以职业活动为导向,以专业技能为核心,使学生在做中学、学中做,引导学生进行实践和探索,注重培养学生的实际操作能力、分析问题和解决问题的能力。

3. 牢固树立以学生为中心的教学理念,充分尊重学生。教师应成为学生学习的组织者、指导者和同伴,遵循学生的认知特点和学习规律,围绕学生的"学"设计教学活动。

4. 改变传统的灌输式教学,充分调动学生学习的积极性、能动性,采取灵活多样的教学方式,积极探索自主学习、合作学习、探究式学习、问题导向式学习、体验式学习、混合式学习等体现教学新理念的教学方式,提高学生学习的兴趣。

5. 依托多元的现代信息技术手段,将其有效运用于教学,改进教学方法与手段,提升教学效果。

6. 注重技能训练及重点环节的教学设计,每次活动都力求使学生上一个新台阶,技能训练既有连续性又有层次性。

7. 注重培养学生良好的操作习惯,把标准意识、规范意识、质量意识、安全意识、环保意识、服务意识、职业道德和敬业精神融入教学活动,促进学生综合职业素养的养成。

(三)教学评价建议

1. 以课程标准为依据,开展基于标准的教学评价。

2. 以评促教、以评促学,通过课堂教学及时评价,不断改进教学手段。

3. 教学评价始终坚持德技并重的原则,构建德技融合的专业课教学评价体系,把思政和职业素养的评价内容与要求细化为具体的评价指标,有机融入专业知识与技能的评价指标体系,形成可观察、可测量的评价量表,综合评价学生学习情况。通过有效评价,在日常教学中不断促进学生思想品德和职业素养的形成。

4. 本课程的考核内容主要包括理论知识模块、职业素养模块以及操作技能模块。理论知识模块主要采用笔试方式进行评价。职业素养模块主要采用过程性评价方式,客观记录学生的遵章守纪、学习态度、规范意识、安全与环保意识、合作意识等情况。操作技能模块采用现场实际操作考核的方式,评价学生在印刷机结构调节过程中的操作技能。

5. 注重日常教学中对学生学习的评价,充分利用多种过程性评价工具,如评价表、记录袋等,积累过程性评价数据,形成过程性评价与终结性评价相结合的评价模式。

6. 在日常教学中开展对学生学习的评价时,充分利用信息化手段,借助各类较成熟的教育评价平台,探索线上与线下相结合的评价模式。

(四)资源利用建议

1. 开发适合教学使用的多媒体教学资源库和多媒体教学课件、微课程、示范操作视频。

2. 充分利用网络资源,搭建网络课程平台,开发网络课程,实现优质教学资源共享。

3. 积极利用数字图书馆等资源,使教学内容多元化,以此拓展学生的知识和能力。

4. 充分利用行业企业资源,为学生提供阶段实训,让学生在真实的环境中实践,提升职业综合素质。

5. 充分利用印刷技术开放实训中心,将教学与实训合一,满足学生综合能力培养的要求。

印刷数字化流程课程标准

课程名称

印刷数字化流程

适用专业

中等职业学校印刷媒体技术专业

一、课程性质

印刷数字化流程是中等职业学校印刷媒体技术专业的一门专业核心课程,也是该专业的一门专业必修课程。其功能是使学生掌握印刷生产数字化流程相关的知识和技能,具备从事印刷生产的数字化流程运用和控制工作的基本职业能力。本课程是印刷前准备、印刷机结构调节的后续课程,为学生进一步学习印刷实施、数字印刷课程奠定基础。

二、设计思路

本课程遵循任务引领、做学一体的原则,参照印前处理和制作员、印刷操作员2个职业技能等级证书(五级/四级)的相关考核要求,根据印刷媒体技术专业相关职业工作岗位要求,以印刷数字化流程运用和控制工作相关的基础知识和基本技能为依据而设置。

课程内容紧紧围绕印刷生产中数字化流程的设置、运用和控制应具备的职业能力要求,同时充分考虑本专业学生对相关理论知识的需要,融入印前处理和制作员、印刷操作员2个职业技能等级证书(五级/四级)的相关考核要求。

课程内容的组织按照职业能力发展的规律,以印刷生产数字化流程控制为主线,设置PDF文件的制作与检查、拼大版操作、印品打样、加网和输出、油墨预置5个学习任务。以任务为引领,通过任务整合相关知识、技能与态度,充分体现任务引领型课程的特点。

本课程建议学时数为36学时。

三、课程目标

通过本课程的学习,学生能熟悉印刷生产数字化流程的相关知识,掌握PDF文件的制作与检查、拼大版、打样校样、加网输出、油墨预置等流程控制的基本技能,达到印前处理和制作员、印刷操作员 2 个职业技能等级证书(五级/四级)的相关考核要求,并在此基础上达成以下职业素养和职业能力目标。

(一) 职业素养目标

● 树立科学健康的审美观和积极向上的审美情趣,在学习和实践中逐渐扎实技术功底,不断加强艺术修养。

● 具备从事印刷操作相关工作的细致耐心、吃苦耐劳的职业精神,逐渐养成爱岗敬业、认真负责、严谨细致、精益求精的职业态度。

● 养成良好的团队合作意识,积极参与团队学习与实践,主动协助同伴完成任务,提高人际沟通能力。

● 严格遵守实训室设备的使用规定和设备操作规范,养成良好的安全操作习惯。

(二) 职业能力目标

● 能熟练操作 PDF 工作流程。

● 能按照印刷品生产工艺要求完成印前检查。

● 能对 PDF 文件做陷印、拼大版等规范化处理。

● 能正确启动数字工作流程控制台,并设置系统基本参数、运行环境和系统控制权限。

● 能在流程中生成 JDF 文件,并在油墨预置系统中正确调用 JDF 文件。

● 能规范完成作业打印与打样、印版或数字印刷的输出。

● 能准确生成 CIP3/CIP4 墨路控制数据用于印刷。

四、 课程内容与要求

学习任务	技能与学习要求	知识与学习要求	参考学时
1. PDF 文件的制作与检查	1. PDF 文件的制作 ● 能将不同格式的输入源文件转换成规范的 PDF 文件 ● 能正确设置 PDF 预设参数	1. PDF 的定义与特点 ● 记住 PDF 的定义 ● 归纳 PDF 的特点 2. PDF 的印刷特征 ● 列举 PDF 的印刷出版功能 ● 列举 PDF/X 文件的版本类型 ● 解释 PDF/X 各版本的特征 3. PDF 的规范化 ● 记住 PDF 规范化处理的作用 ● 归纳 PDF 规范化处理的内容	6

学习任务	技能与学习要求	知识与学习要求	参考学时
1. PDF 文件的制作与检查	2. 预飞检查 ● 能正确设置预飞参数 ● 能对文件运行预飞 ● 能正确查看预飞报告并进行处理	4. 预飞的概念和作用 ● 说出预飞的概念 ● 解释预飞的作用 5. 预飞各参数的含义及作用 ● 记住预飞各参数的含义 ● 简述预飞各参数的作用	
2. 拼大版操作	1. 印件折页 ● 能制作折页模板 ● 能设置折页模板参数 ● 能完成多个页面自动在规定版面中编排组合与自动拼拆页操作	1. 装订的种类和基本要求 ● 列举书籍装订方式的类型 ● 归纳各类装订方式的基本要求 2. 折页的类型和折法 ● 列举常用折页的类型 ● 记住常用折页的折法 3. 折页模板 ● 记住折页模板的制作规则 ● 解释折页模板参数的含义	8
	2. 印件拼版 ● 能设置拼大版方案 ● 能把不同页面规范编排在一个大版面中	4. 拼版的定义与方法 ● 复述拼版的定义 ● 列举手工拼版的方法 ● 列举计算机拼版的方法 5. 拼版的分类 ● 说出计算机拼大版的种类 ● 归纳自由拼和折手拼版的差异	
3. 印品打样	1. 印品打印校样 ● 能正确设置打印参数，进行黑白打印校样 ● 能正确设置打印参数，进行彩色打印校样	1. 打印校样的定义、种类和作用 ● 记住打印校样的定义 ● 列举打印校样的种类 ● 复述打印校样的作用 2. 黑白打印校样的含义和步骤 ● 复述黑白打印校样的含义 ● 归纳黑白打印校样的步骤 3. 彩色打印校样的含义和步骤 ● 复述彩色打印校样的含义 ● 归纳彩色打印校样的步骤	8

（续表）

学习任务	技能与学习要求	知识与学习要求	参考学时
3. 印品打样	2. 印品的屏幕软打样 ● 能规范完成显示器校准 ● 能制作显示器的特性文件 ● 能实现屏幕软打样	4. 屏幕软打样的作用和工作原理 ● 说出屏幕软打样的作用 ● 解释屏幕软打样的工作原理 5. 显示器的要求 ● 记住进行软打样显示器的色域范围要求 ● 归纳软打样显示器的校准步骤 6. 显示器的特性文件 ● 说出显示器特性文件的含义 ● 记住显示器特性文件制作的流程 ● 归纳显示器特性文件制作的要点	
	3. 印品的数字打样 ● 能进行数字打样 ● 能正确设置打样参数 ● 能进行基本色彩管理控制 ● 能进行远程传版与远程打样	7. 数字打样的概念、分类和特点 ● 说出数字打样的概念 ● 列举数字打样的分类 ● 复述数字打样的特点 8. 色彩管理的概念和步骤 ● 说出色彩管理系统的概念 ● 复述色彩管理系统的组成 ● 说出色彩管理的大致步骤	
4. 加网和输出	1. RIP 参数的控制 ● 能进行分色处理 ● 能进行挂网参数设置 ● 能进行陷印设置 ● 能对输出设备进行线性化设置 ● 能生成符合印刷的标准文件格式（PDF、EPS、PS、1-bit TIFF 格式等）	1. RIP 的定义、种类及基本功能 ● 说出 RIP 的定义 ● 列举 RIP 的种类 ● 归纳 RIP 的基本功能 2. 加网的种类与方式 ● 列举加网的种类 ● 说出加网的方式 3. 分色的概念与模式 ● 说出分色的概念 ● 解释分色的模式 4. 陷印的定义、作用和原则 ● 记住陷印的定义 ● 复述陷印的作用 ● 归纳陷印的原则	10

（续表）

学习任务	技能与学习要求	知识与学习要求	参考学时
4. 加网和输出	2. 标记的设置 ● 能进行标记参数设置 ● 能根据工艺要求添加各种印版、印刷、印后辅助标记	5. 标记的含义和种类 ● 说出标记的含义 ● 列举标记的种类 6. 标记的添加方法和应用 ● 列举标记的添加方法 ● 归纳各类标记的应用	
	3. 直接制版机（CTP）输出控制 ● 能进行直接制版机参数控制 ● 能使用直接制版机输出印版	7. 直接制版机的原理和种类 ● 说出直接制版机的原理 ● 列举直接制版机的种类 8. 直接制版机参数的作用与设置方法 ● 复述直接制版机的参数作用 ● 记住直接制版机的参数设置方法	
	4. 数字印刷输出控制 ● 能正确设置数字印刷参数 ● 能输出数字印刷活件 ● 能利用网络（如云平台等）实现印刷生产远程控制	9. 数字印刷的原理与分类 ● 概述数字印刷的原理 ● 列举数字印刷的分类 10. 数字印刷机参数的设置方法 ● 说出数字印刷机参数的设置方法 ● 说出生产远程控制参数的设置方法	
5. 油墨预置	1. 油墨预置的数据生成 ● 能正确设置油墨预置参数 ● 能生成油墨预置文件（PPF或 JDF 文件）	1. 油墨预置的定义和系统构成 ● 说出油墨预置的定义 ● 列举油墨预置的系统构成 2. 油墨预置数据的生成过程 ● 说出油墨预置数据的生成原理 ● 复述油墨预置数据的生成过程	4
	2. 油墨预置数据调用 ● 能将油墨预置数据传送至印刷机工作台 ● 能修正油墨预置数据	3. 各印刷设备 CIP3/CIP4 系统的组成和特点 ● 说出各印刷设备 CIP3/CIP4 系统的组成 ● 说出各印刷设备 CIP3/CIP4 系统的特点 4. CIP3/CIP4 油墨预置系统的意义和调用方法 ● 简述 CIP3/CIP4 油墨预置系统的意义 ● 说出典型印刷设备油墨预置数据的调用方法	
总学时			36

五、 实施建议

（一）教材编写与选用建议

1. 应依据本课程标准编写教材或选用教材，从国家和市级教育行政部门发布的教材目录中选用教材，优先选用国家和市级规划教材。

2. 教材要充分体现育人功能，紧密结合教材内容、素材，有机融入课程思政要求，将课程思政内容与专业知识、技能有机统一。

3. 转变以教师为中心的传统教材观，教材编写应以学生的"学"为中心，遵循学生学习的特点与规律，以学生的思维方式设计教材结构、组织教材内容。

4. 应以印刷数字化流程运用和控制职业能力的逻辑关系为线索，按照印刷数字化流程运用和控制职业能力培养由易到难、由简单到复杂、由单一到综合的规律，搭建教材的结构框架，确定教材各部分的目标、内容，以及进行相应的学习任务、活动设计等，从而建立起一个结构清晰、层次分明的教材结构体系。

5. 教材在整体设计和内容选取时，要注重引入行业发展的新业态、新知识、新技术、新工艺、新方法，对接相应的职业标准和岗位要求，贴近工作实际，体现先进性和实用性，创设或引入职业情境，增强教材的职场感。

6. 教材应以学生为本，增强对学生的吸引力，贴近岗位技能与知识的要求，符合学生的认知。采用生动活泼的、学生乐于接受的语言和案例等形式呈现内容，使学生在使用教材时有亲切感、真实感。

7. 教材应注重实践内容的可操作性，强调在操作中理解与应用理论。

（二）教学实施建议

1. 切实推进课程思政在教学中的有效落实，寓价值观引导于知识传授和能力培养之中，帮助学生塑造正确的世界观、人生观、价值观。深入梳理教学内容，结合课程特点，深入挖掘课程内容中的思政元素，把思政教学与专业知识、技能教学融为一体，达到润物无声的育人效果。

2. 充分体现职业教育"实践导向、任务引领、理实一体、做学合一"的课改理念，紧密联系行业的实际应用，以印刷数字化流程运用和控制相关岗位的典型任务为载体，加强理论教学与实践教学的结合，充分利用各种实训场所与设备，以学生为教学主体，以能力为本位，以职业活动为导向，以专业技能为核心，使学生在做中学、学中做，引导学生进行实践和探索，注重培养学生的实际操作能力、分析问题和解决问题的能力。

3. 牢固树立以学生为中心的教学理念，充分尊重学生。教师应成为学生学习的组织者、指导者和同伴，遵循学生的认知特点和学习规律，围绕学生的"学"设计教学活动。

4. 改变传统的灌输式教学，充分调动学生学习的积极性、能动性，采取灵活多样的教学方式,积极探索自主学习、合作学习、探究式学习、问题导向式学习、体验式学习、混合式学习等体现教学新理念的教学方式,提高学生学习的兴趣。

5. 依托多元的现代信息技术手段,将其有效运用于教学,改进教学方法与手段,提升教学效果。

6. 注重技能训练及重点环节的教学设计,每次活动都力求使学生上一个新台阶,技能训练既有连续性又有层次性。

7. 注重培养学生良好的操作习惯,把标准意识、规范意识、质量意识、安全意识、环保意识、服务意识、职业道德和敬业精神融入教学活动,促进学生综合职业素养的养成。

(三)教学评价建议

1. 以课程标准为依据,开展基于标准的教学评价。

2. 以评促教、以评促学,通过课堂教学及时评价,不断改进教学手段。

3. 教学评价始终坚持德技并重的原则,构建德技融合的专业课教学评价体系,把思政和职业素养的评价内容与要求细化为具体的评价指标,有机融入专业知识与技能的评价指标体系,形成可观察、可测量的评价量表,综合评价学生学习情况。通过有效评价,在日常教学中不断促进学生良好思想品德和职业素养的形成。

4. 注重日常教学中对学生学习的评价,充分利用多种过程性评价工具,如评价表、记录袋等,积累过程性评价数据,形成过程性评价与终结性评价相结合的评价模式。

5. 在日常教学中开展对学生学习的评价时,充分利用信息化手段,借助各类较成熟的教育评价平台,探索线上与线下相结合的评价模式。

(四)资源利用建议

1. 开发适合教学使用的多媒体教学资源库和多媒体教学课件、微课程、示范操作视频。

2. 充分利用网络资源,搭建网络课程平台,开发网络课程,实现优质教学资源共享。

3. 积极利用数字图书馆等资源,使教学内容多元化,以此拓展学生的知识和能力。

4. 充分利用行业企业资源,为学生提供阶段实训,让学生在真实的环境中实践,提升职业综合素质。

5. 充分利用印刷技术开放实训中心,将教学与实训合一,满足学生综合能力培养的要求。

印刷检测课程标准

▌课程名称

印刷检测

▌适用专业

中等职业学校印刷媒体技术专业

一、课程性质

印刷检测是中等职业学校印刷媒体技术专业的一门专业核心课程,也是该专业的一门专业必修课程。其功能是使学生掌握测量仪器使用、印刷过程质量检测和印刷品印制质量控制等相关知识和技能,具备从事印刷操作工作的基本职业能力。本课程是印刷前准备、印刷数字化流程的后续课程,为学生进一步学习印刷实施课程奠定基础。

二、设计思路

本课程遵循任务引领、做学一体的原则,参照印刷操作员职业技能等级证书(五级/四级)的相关考核要求,根据印刷媒体技术专业相关职业岗位的工作任务和职业能力分析结果,以印刷质量检测与控制工作相关的基础知识和基本技能为依据而设置。

课程内容紧紧围绕完成印刷质量检测与控制相关工作任务应具备的职业能力要求,同时充分考虑本专业学生对相关理论知识的需要,融入印刷操作员职业技能等级证书(五级/四级)的相关考核要求。

课程内容的组织按照职业能力发展的规律,以印刷质量检测与控制的典型任务为主线,设置测量仪器的操作、过程质量检测与控制、印刷品质量检测、印刷品质量评价 4 个学习任务。以任务为引领,通过任务整合相关知识、技能与态度,充分体现任务引领型课程的特点。

本课程建议学时数为 72 学时。

三、课程目标

通过本课程的学习,学生能系统地了解印刷质量的评判方法,掌握印版质量检测、印刷过程质量检测、印刷品质量检测、印刷质量分析、印刷质量评价等内容,提高对印刷质量检测的认识,能分析和评价印品质量,达到印刷操作员职业技能等级证书(五级/四级)的相关考核要求,并在此基础上达成以下职业素养和职业能力目标。

（一）职业素养目标

● 树立科学健康的审美观和积极向上的审美情趣,在学习和实践中逐渐扎实技术功底,不断加强艺术修养。

● 具备从事印刷操作相关工作的细致耐心、吃苦耐劳的职业精神,逐渐养成爱岗敬业、认真负责、严谨细致、精益求精的职业态度。

● 养成良好的团队合作意识,积极参与团队学习与实践,主动协助同伴完成任务,提高人际沟通能力。

● 严格遵守实训室设备的使用规定和设备操作规范,养成良好的安全操作习惯。

（二）职业能力目标

● 能运用印版测量仪器检验各类印版的参数。

● 能根据测控条用目视的方法判断印刷品的质量。

● 能根据付印样选用对比的方法判定印刷品的色彩还原。

● 能选用仪器测量印刷品的质量参数。

● 能在印刷过程中判断并排除印品故障。

● 能正确使用放大镜、密度仪、分光光度计等设备。

● 能规范测量印刷品套印精度、检验成品尺寸、测定印刷图像的阶调值或层次。

● 能规范测量各色油墨的实地密度、相对反差、叠印率、网点扩大值、灰平衡值。

● 能根据国家标准使用仪器规范测量印刷品的密度偏差和色差。

● 能判断各种因素引起的印刷质量弊病。

● 能熟记印刷品相关的国家标准和行业标准,并用其作为评价的依据。

● 能观察印品与付印样,就色差、层次等质量内容,使用规范的语言对印品做出主观评价。

● 能根据检测数据客观评价印刷品的质量。

● 能根据客观评价和主观评价的结果,对印刷品的总体质量进行综合评价。

四、 课程内容与要求

学习任务	技能与学习要求	知识与学习要求	参考学时
1. 测量仪器的操作	1. 测量仪器的使用 ● 能正确使用印版测量仪 ● 能正确使用带刻度的高倍率放大镜 ● 能正确使用分光密度仪	1. 印版测量仪的原理和参数 ● 说出印版测量仪的测量原理 ● 说出印版测量仪测量参数的意义 2. 分光密度仪的测量原理 ● 说出分光密度仪的测量原理 ● 简述 T、E 密度响应状态的区别 ● 说出分光密度仪可测量的指标	12
	2. 测量仪器的维护 ● 能做好印版测量仪的日常维护 ● 能做好带刻度的高倍率放大镜的日常维护 ● 能做好分光密度仪的日常维护	3. 测量仪器维护的要求和注意事项 ● 说出维护各类测量仪需要的清洁材料 ● 说出各类测量仪的维护计划 ● 说出维护各类测量仪的注意事项	
2. 过程质量检测与控制	1. 印刷过程质量检测 ● 能测量、调节车间的温湿度 ● 能测量印版上机前需要的主要参数 ● 能根据付印样测量承印物的规格是否满足生产要求 ● 能根据付印样判断承印物的印刷适性是否满足生产要求	1. 印刷环境的要求 ● 说出印刷车间的温湿度要求 ● 说出待上机印版的保存要求 2. 印刷作业规范 ● 说明印刷前检测和工艺安排的要求 ● 说出印刷作业条件的要求 ● 简述承印物的印刷适性	20
	2. 印刷过程质量控制 ● 能根据付印样选用对比的方法判定印刷品的色彩还原 ● 能用放大镜鉴别套印准确度与网点还原情况 ● 能目视判断或用仪器测量印刷过程中各色墨的实地密度 ● 能用仪器测量并控制印刷过程中各色墨的网点扩大值 ● 能控制印刷过程中的水墨平衡 ● 能判断并排除印品故障	3. 水墨平衡的定义和调节方法 ● 说出各色墨实地密度值的范围 ● 说出各色墨网点扩大值的范围 ● 简述水墨平衡的定义 ● 说明水墨平衡的调节方法 4. 常见印刷故障的类型、成因及解决办法 ● 列举印刷过程中常见的印品故障 ● 说出印刷常见故障的成因及解决办法	

(续表)

学习任务	技能与学习要求	知识与学习要求	参考学时
3.印刷品质量检测	1.印刷品质量客观检测 ● 能测量套印精度 ● 能检验成品尺寸 ● 能测定印刷图像的阶调值或层次 ● 能正确测量实地密度、相对反差、叠印率、网点扩大值、灰平衡值	1.印刷品质量客观评价的参数 ● 说出套印精度对产品质量的意义 ● 阐述阶调层次的概念 ● 说出实地密度、相对反差、叠印率、网点扩大值、灰平衡值等参数标准值的范围	24
	2.判断印刷品的质量弊病 ● 能判断材料和设备引起的质量弊病 ● 能判断工艺和操作引起的质量弊病 ● 能判断环境因素引起的质量弊病 ● 能判断综合因素引起的质量弊病	2.质量弊病产生的原因 ● 列举材料和设备引起的质量弊病的原因 ● 列举工艺和操作引起的质量弊病的原因 ● 列举环境因素引起的质量弊病的原因 ● 列举综合因素引起的质量弊病的原因	
4.印刷品质量评价	1.印刷品质量主观评价 ● 能对印刷品的色差做出规范评价 ● 能对印刷品的层次做出规范评价	1.印刷品质量主观评价的原则 ● 说出印刷品质量主观评价的具体指标及优先顺序 ● 说出印刷品质量主观评价对观察条件的要求	16
	2.印刷品质量客观评价 ● 能根据国家标准测量各色油墨的实地密度和相对反差并做出评价 ● 能根据国家标准测量各色油墨的叠印率和网点扩大值并做出评价 ● 能根据国家标准测量各色油墨的套印精度并做出评价 ● 能根据国家标准测量各色油墨与标准样张之间的色差	2.印刷品质量客观评价的原则 ● 说出印刷品质量客观评价的具体指标及权重 ● 说出印刷品质量评价相关国家标准的主要参数	
	3.印刷品质量综合评价 ● 能根据不同的产品确定评价标准 ● 能根据客观评价和主观评价的结果,对印刷品的总体质量进行综合评价	3.印刷品质量综合评价的原则 ● 说出包装装潢印刷品的评价要点 ● 说出书刊印刷品的评价要点	
总学时			72

五、 实施建议

（一）教材编写与选用建议

1. 应依据本课程标准编写教材或选用教材，从国家和市级教育行政部门发布的教材目录中选用教材，优先选用国家和市级规划教材。

2. 教材要充分体现育人功能，紧密结合教材内容、素材，有机融入课程思政要求，将课程思政内容与专业知识、技能有机统一。

3. 转变以教师为中心的传统教材观，教材编写应以学生的"学"为中心，遵循学生学习的特点与规律，以学生的思维方式设计教材结构、组织教材内容。

4. 应以印刷检测职业能力的逻辑关系为线索，按照印刷检测职业能力培养由易到难、由简单到复杂、由单一到综合的规律，搭建教材的结构框架，确定教材各部分的目标、内容，以及进行相应的学习任务、活动设计等，从而建立起一个结构清晰、层次分明的教材结构体系。

5. 教材在整体设计和内容选取时，要注重引入行业发展的新业态、新知识、新技术、新工艺、新方法，对接相应的职业标准和岗位要求，贴近工作实际，体现先进性和实用性，创设或引入职业情境，增强教材的职场感。

6. 教材应以学生为本，增强对学生的吸引力，贴近岗位技能与知识的要求，符合学生的认知。采用生动活泼的、学生乐于接受的语言和案例等形式呈现内容，使学生在使用教材时有亲切感、真实感。

7. 教材应注重实践内容的可操作性，强调在操作中理解与应用理论。

（二）教学实施建议

1. 切实推进课程思政在教学中的有效落实，寓价值观引导于知识传授和能力培养之中，帮助学生塑造正确的世界观、人生观、价值观。深入梳理教学内容，结合课程特点，深入挖掘课程内容中的思政元素，把思政教学与专业知识、技能教学融为一体，达到润物无声的育人效果。

2. 充分体现职业教育"实践导向、任务引领、理实一体、做学合一"的课改理念，紧密联系行业的实际应用，以印刷检测岗位的典型任务为载体，加强理论教学与实践教学的结合，充分利用各种实训场所与设备，以学生为教学主体，以能力为本位，以职业活动为导向，以专业技能为核心，使学生在做中学、学中做，引导学生进行实践和探索，注重培养学生的实际操作能力、分析问题和解决问题的能力。

3. 牢固树立以学生为中心的教学理念，充分尊重学生。教师应成为学生学习的组织者、指导者和同伴，遵循学生的认知特点和学习规律，围绕学生的"学"设计教学活动。

4. 改变传统的灌输式教学，充分调动学生学习的积极性、能动性，采取灵活多样的教学方式，积极探索自主学习、合作学习、探究式学习、问题导向式学习、体验式学习、混合式学习

等体现教学新理念的教学方式,提高学生学习的兴趣。

5. 依托多元的现代信息技术手段,将其有效运用于教学,改进教学方法与手段,提升教学效果。

6. 注重技能训练及重点环节的教学设计,每次活动都力求使学生上一个新台阶,技能训练既有连续性又有层次性。

7. 注重培养学生良好的操作习惯,把标准意识、规范意识、质量意识、安全意识、环保意识、服务意识、职业道德和敬业精神融入教学活动,促进学生综合职业素养的养成。

(三) 教学评价建议

1. 以课程标准为依据,开展基于标准的教学评价。

2. 以评促教、以评促学,通过课堂教学及时评价,不断改进教学手段。

3. 教学评价始终坚持德技并重的原则,构建德技融合的专业课教学评价体系,把思政和职业素养的评价内容与要求细化为具体的评价指标,有机融入专业知识与技能的评价指标体系,形成可观察、可测量的评价量表,综合评价学生学习情况。通过有效评价,在日常教学中不断促进学生良好思想品德和职业素养的形成。

4. 本课程的考核内容主要包括理论知识模块、职业素养模块以及操作技能模块。理论知识模块主要采用笔试方式进行评价。职业素养模块主要采用过程性评价方式,客观记录学生的遵章守纪、学习态度、规范意识、安全与环保意识、合作意识等情况。操作技能模块采用现场实际操作考核的方式,评价学生在印刷检测过程中的操作技能。

5. 注重日常教学中对学生学习的评价,充分利用多种过程性评价工具,如评价表、记录袋等,积累过程性评价数据,形成过程性评价与终结性评价相结合的评价模式。

6. 在日常教学中开展对学生学习的评价时,充分利用信息化手段,借助各类较成熟的教育评价平台,探索线上与线下相结合的评价模式。

(四) 资源利用建议

1. 开发适合教学使用的多媒体教学资源库和多媒体教学课件、微课程、示范操作视频。

2. 充分利用网络资源,搭建网络课程平台,开发网络课程,实现优质教学资源共享。

3. 积极利用数字图书馆等资源,使教学内容多元化,以此拓展学生的知识和能力。

4. 充分利用行业企业资源,为学生提供阶段实训,让学生在真实的环境中实践,提升职业综合素质。

5. 充分利用印刷技术开放实训中心,将教学与实训合一,满足学生综合能力培养的要求。

印刷工艺设计课程标准

课程名称

印刷工艺设计

适用专业

中等职业学校印刷媒体技术专业

一、 课程性质

印刷工艺设计是中等职业学校印刷媒体技术专业的一门专业核心课程,也是该专业的一门专业必修课程。其功能是使学生掌握印刷工艺设计相关的知识和技能,具备从事印刷方式选择及印刷生产工序安排工作的基本职业能力。本课程是印刷数字化流程、印刷检测的后续课程,为学生进一步学习印刷实施、印刷品后加工课程奠定基础。

二、 设计思路

本课程遵循任务引领、做学一体的原则,参照印前处理和制作员、印刷操作员、印后制作员3个职业技能等级证书(五级/四级)的相关考核要求,根据印刷媒体技术专业相关工作岗位要求,以印刷流程运用领域的工作任务和职业能力分析结果为依据而设置。

课程内容紧紧围绕印刷方式选择、印刷生产工序选用相关工作任务应具备的职业能力要求,同时充分考虑本专业学生对相关理论知识的需要,融入印前处理和制作员、印刷操作员、印后制作员3个职业技能等级证书(五级/四级)的相关考核要求。

课程内容的组织以印刷工艺设计为主线,设置印前处理设计、承印材料选用、印刷方式选择与设计、印后加工方式设计、印刷生产工序设计5个学习任务。以任务为引领,通过任务整合相关知识、技能与态度,充分体现任务引领型课程的特点。

本课程建议学时数为36学时。

三、 课程目标

通过本课程的学习,学生能熟悉印前、印刷、印后加工的特点及设计要点,掌握根据产品用途及客户需求设计合理的印前、印刷、印后加工方式及工序等,达到印前处理和制作员、印刷操作员、印后制作员3个职业技能等级证书(五级/四级)的相关考核要求,并在此基础上达成以下职业素养和职业能力目标。

(一) 职业素养目标

- 树立科学健康的审美观和积极向上的审美情趣,在学习和实践中逐渐扎实技术功底,不断加强艺术修养。
- 具备从事印刷操作相关工作的细致耐心、吃苦耐劳的职业精神,逐渐养成爱岗敬业、认真负责、严谨细致、精益求精的职业态度。
- 养成良好的团队合作意识,积极参与团队学习与实践,主动协助同伴完成任务,提高人际沟通能力。
- 严格遵守实训室设备的使用规定和设备操作规范,养成良好的安全操作习惯。

(二) 职业能力目标

- 能根据客户要求选用专色及金、银色。
- 能根据客户要求进行版面设计、跨页设计。
- 能根据产品特点正确选择承印材料品种。
- 能准确辨别印刷样品的印刷及印后加工方式。
- 能根据产品用途选择合理的印刷方式。
- 能根据产品用途选用合理的印后加工方式。
- 能根据客户要求设计不同印刷方式组合。
- 能根据客户需求合理选用印刷生产工序。

四、 课程内容与要求

学习任务	技能与学习要求	知识与学习要求	参考学时
1. 印前处理设计	1. 专色及镂空字选用 ● 能根据客户要求选用专色 ● 能根据客户要求选用金、银色 ● 能根据产品特点选用珠光色 ● 能根据产品特点设计镂空字	1. 专色及镂空字的特点和用途 ● 列举专色、珠光色的特点 ● 说出金、银色的特点 ● 说明镂空字的特点 ● 记住专色、珠光色的用途 ● 复述金、银色的用途 ● 列举镂空字的用途 2. 专色及镂空字的设计与印刷要点 ● 说明专色的设计与印刷要点 ● 归纳金、银色的设计与印刷要点 ● 概述珠光色的设计与印刷要点 ● 解释镂空字的设计与印刷要点	8

（续表）

学习任务	技能与学习要求	知识与学习要求	参考学时
1. 印前处理设计	2. 版面设计 ● 能根据产品的特点设计勒口 ● 能根据客户要求设计印版翻版方式 ● 能根据客户要求设计排版与页码 ● 能根据客户要求设计印刷品开本	3. 版面设计的特点 ● 说出勒口设计的特点 ● 列举印版翻版设计的特点 ● 记住书刊排版与页码设计的特点 ● 复述印刷品开本设计的特点 4. 版面设计的设计与印刷要点 ● 解释勒口的设计与印刷要点 ● 说明印版翻版的设计与印刷要点 ● 归纳书刊排版与页码设计的设计与印刷要点 ● 概述印刷品开本的设计与印刷要点	
	3. 跨页设计 ● 能根据产品特点完成跨页颜色设计 ● 能根据客户要求设计跨页位置 ● 能根据客户要求设计跨页页面尺寸	5. 跨页设计的设计要点 ● 记住跨页颜色的设计要点 ● 复述跨页位置的设计要点 ● 列举跨页页面尺寸的设计要点 6. 跨页设计的注意事项 ● 说明跨页颜色设计的注意事项 ● 概述跨页位置设计的注意事项 ● 解释跨页页面尺寸设计的注意事项	
2. 承印材料选用	1. 纸张选用 ● 能正确辨别常用纸张品种及规格 ● 能根据产品特点正确选择纸张品种	1. 常用纸张的品种、规格及特点 ● 复述常用纸张的品种及规格 ● 说出常用纸张的特点 2. 选用纸张的注意事项 ● 简述选用纸张的注意事项	4
	2. 纸板选用 ● 能正确辨别纸板的品种及规格 ● 能根据产品特点正确选择纸板品种	3. 常用纸板的品种及特点 ● 列举常用纸板的品种 ● 说出常用纸板的特点 4. 选用纸板的注意事项 ● 复述选用纸板的注意事项	
	3. 特种印刷材料选用 ● 能正确辨别特种印刷材料的品种及规格 ● 能根据产品特点正确选择特种印刷材料品种	5. 特种印刷材料的品种及特点 ● 列举特种印刷材料的品种 ● 说明特种印刷材料的特点 6. 选用特种印刷材料的注意事项 ● 解释选用特种印刷材料的注意事项	

（续表）

学习任务	技能与学习要求	知识与学习要求	参考学时
3. 印刷方式选择与设计	1. 印刷方式选择 ● 能根据样张特征正确辨别印刷方式 ● 能根据产品用途选择合理的印刷方式	1. 平版胶印的特点及选用要点 ● 说出平版胶印的特点 ● 解释平版胶印的选用要点 2. 凹印的特点及选用要点 ● 列举凹印的特点 ● 说明凹印的选用要点 3. 柔印的特点及选用要点 ● 记住柔印的特点 ● 归纳柔印的选用要点 4. 丝印的特点及选用要点 ● 复述丝印的特点 ● 概述丝印的选用要点 5. 数字印刷的特点及选用要点 ● 说出数字印刷的特点 ● 解释数字印刷的选用要点	8
	2. 印刷方式组合设计 ● 能根据客户要求设计不同印刷方式组合	6. 常用印刷方式的应用范围 ● 列举常用印刷方式的应用范围 7. 印刷方式组合的种类及设计注意事项 ● 说出印刷方式的常用组合种类 ● 解释印刷方式组合设计的注意事项	
4. 印后加工方式设计	1. 表面整饰工艺设计 ● 能根据产品特点设计覆膜方式 ● 能根据产品特点设计上光方式 ● 能根据产品特点设计烫金方式 ● 能根据客户要求设计不同表面整饰工艺组合	1. 表面整饰工艺的设计要点 ● 记住覆膜的设计要点 ● 复述上光的设计要点 ● 列举烫金的设计要点 2. 表面整饰工艺设计的注意事项 ● 说明覆膜设计的注意事项 ● 概述上光设计的注意事项 ● 解释烫金设计的注意事项	8
	2. 装订工艺设计 ● 能根据产品特点设计装订方式 ● 能根据产品特点设计装帧形式	3. 装订工艺的设计要点 ● 记住骑马订的设计要点 ● 复述平装的设计要点 ● 列举精装的设计要点 4. 装订工艺设计的注意事项 ● 说明骑马订设计的注意事项 ● 概述平装设计的注意事项 ● 解释精装设计的注意事项	

（续表）

学习任务	技能与学习要求	知识与学习要求	参考学时
4. 印后加工方式设计	3. 包装产品印后加工方式设计 ● 能根据产品特点设计包装产品印后加工方式	5. 包装产品印后加工的设计要点 ● 说出包装产品印后加工方法的设计要点 6. 包装产品印后加工设计的注意事项 ● 说明包装产品印后加工设计的注意事项	
5. 印刷生产工序设计	1. 印刷样品特征分析 ● 能辨别印刷样品的材料种类 ● 能准确辨别印刷样品的印刷及印后加工方式 ● 能判断印刷品的制作权限	1. 印刷品的特征 ● 说出书刊印刷品的特征 ● 列举包装装潢印刷品的特征 ● 复述其他常见印刷品的特征 2. 印刷品的制作资质 ● 说明书刊印刷品的制作资质 ● 归纳包装装潢印刷品的制作资质	8
	2. 印刷生产工序制定 ● 能准确辨别印刷品的加工工序 ● 能根据客户需求合理设计印刷生产工序	3. 印刷生产的工序 ● 列举印前处理设计的工序 ● 复述印刷生产的工序 ● 说出印后加工的工序 4. 印刷生产的制作标准 ● 归纳常用印刷方式的制作标准 ● 解释印后加工的制作标准	
总学时			36

五、实施建议

（一）教材编写与选用建议

1. 应依据本课程标准编写教材或选用教材，从国家和市级教育行政部门发布的教材目录中选用教材，优先选用国家和市级规划教材。

2. 教材要充分体现育人功能，紧密结合教材内容、素材，有机融入课程思政要求，将课程思政内容与专业知识、技能有机统一。

3. 转变以教师为中心的传统教材观，教材编写应以学生的"学"为中心，遵循学生学习的特点与规律，以学生的思维方式设计教材结构和组织教材内容。

4. 应以印刷工艺设计职业能力的逻辑关系为线索，按照印刷工艺设计职业能力培养由易到难、由简单到复杂、由单一到综合的规律，搭建教材的结构框架，确定教材各部分的目标、内容，以及进行相应的学习任务、活动设计等，从而建立起一个结构清晰、层次分明的教材结构体系。

5. 教材在整体设计和内容选取时,要注重引入行业发展的新业态、新知识、新技术、新工艺、新方法,对接相应的职业标准和岗位要求,贴近工作实际,体现先进性和实用性,创设或引入职业情境,增强教材的职场感。

6. 教材应以学生为本,增强对学生的吸引力,贴近岗位技能与知识的要求,符合学生的认知。采用生动活泼的、学生乐于接受的语言和案例等形式呈现内容,使学生在使用教材时有亲切感、真实感。

7. 教材应注重实践内容的可操作性,强调在操作中理解与应用理论。

(二)教学实施建议

1. 切实推进课程思政在教学中的有效落实,寓价值观引导于知识传授和能力培养之中,帮助学生塑造正确的世界观、人生观、价值观。深入梳理教学内容,结合课程特点,深入挖掘课程内容中的思政元素,把思政教学与专业知识、技能教学融为一体,达到润物无声的育人效果。

2. 充分体现职业教育"实践导向、任务引领、理实一体、做学合一"的课改理念,紧密联系行业的实际应用,以印刷工艺设计岗位的典型任务为载体,加强理论教学与实践教学的结合,充分利用各种实训场所与设备,以学生为教学主体,以能力为本位,以职业活动为导向,以专业技能为核心,使学生在做中学、学中做,引导学生进行实践和探索,注重培养学生的实际操作能力、分析问题和解决问题的能力。

3. 牢固树立以学生为中心的教学理念,充分尊重学生。教师应成为学生学习的组织者、指导者和同伴,遵循学生的认知特点和学习规律,围绕学生的"学"设计教学活动。

4. 改变传统的灌输式教学,充分调动学生学习的积极性、能动性,采取灵活多样的教学方式,积极探索自主学习、合作学习、探究式学习、问题导向式学习、体验式学习、混合式学习等体现教学新理念的教学方式,提高学生学习的兴趣。

5. 依托多元的现代信息技术手段,将其有效运用于教学,改进教学方法与手段,提升教学效果。

6. 注重技能训练及重点环节的教学设计,每次活动都力求使学生上一个新台阶,技能训练既有连续性又有层次性。

7. 注重培养学生良好的操作习惯,把标准意识、规范意识、质量意识、安全意识、环保意识、服务意识、职业道德和敬业精神融入教学活动,促进学生综合职业素养的养成。

(三)教学评价建议

1. 以课程标准为依据,开展基于标准的教学评价。

2. 以评促教、以评促学,通过课堂教学及时评价,不断改进教学手段。

3. 教学评价始终坚持德技并重的原则,构建德技融合的专业课教学评价体系,把思政和职业素养的评价内容与要求细化为具体的评价指标,有机融入专业知识与技能的评价指标体系,形成可观察、可测量的评价量表,综合评价学生学习情况。通过有效评价,在日常教学中不断促进学生良好思想品德和职业素养的形成。

4. 注重日常教学中对学生学习的评价,充分利用多种过程性评价工具,如评价表、记录袋等,积累过程性评价数据,形成过程性评价与终结性评价相结合的评价模式。

5. 在日常教学中开展对学生学习的评价时,充分利用信息化手段,借助各类较成熟的教育评价平台,探索线上与线下相结合的评价模式。

(四) 资源利用建议

1. 开发适合教学使用的多媒体教学资源库和多媒体教学课件、微课程、示范操作视频。

2. 充分利用网络资源,搭建网络课程平台,开发网络课程,实现优质教学资源共享。

3. 积极利用数字图书馆等资源,使教学内容多元化,以此拓展学生的知识和能力。

4. 充分利用行业企业资源,为学生提供阶段实训,让学生在真实的环境中实践,提升职业综合素质。

5. 充分利用印刷技术开放实训中心,将教学与实训合一,满足学生综合能力培养的要求。

印刷实施课程标准

▌课程名称

印刷实施

▌适用专业

中等职业学校印刷媒体技术专业

一、 课程性质

印刷实施是中等职业学校印刷媒体技术专业的一门专业核心课程,也是该专业的一门专业必修课程。其功能是使学生掌握平版印刷操作的相关知识和技能,具备从事平版印刷工作的基本职业能力。本课程是印刷前准备、印刷机结构调节、印刷检测的后续课程,为学生进一步学习印刷品后加工课程及开展岗位实习奠定基础。

二、 设计思路

本课程遵循任务引领、做学一体的原则,参照印刷操作员职业技能等级证书(五级/四级)的相关考核内容,根据印刷媒体技术专业相关职业岗位的工作任务和职业能力分析结果,以平版印刷操作相关的基础知识和基本技能为依据而设置。

课程内容紧紧围绕印刷机开机前准备、印版安装校正、墨色及水墨平衡调节等印刷实施相关工作任务应具备的职业能力要求,同时充分考虑本专业学生对相关理论知识的需要,融入印刷操作员职业技能等级证书(五级/四级)的相关考核要求。

课程内容的组织以平版印刷的实施过程为主线,设置平版印刷流程认知、印刷材料准备、印刷机准备、印刷实施、印刷适性调节、印刷后整理6个学习任务。以任务为引领,通过任务整合相关知识、技能与态度,充分体现任务引领型课程的特点。

本课程建议学时数为144学时。

三、 课程目标

通过本课程的学习,学生能熟悉平版印刷工艺流程、平版印刷操作方法和要求等基础知识,掌握印刷机开机前准备、印版安装校正、墨色及水墨平衡调节等相关技能,达到印刷操作员职业技能等级证书(五级/四级)的相关考核要求,并在此基础上达成以下职业素养和职业能力目标。

(一)职业素养目标

- 树立科学健康的审美观和积极向上的审美情趣,在学习和实践中逐渐扎实技术功底,不断加强艺术修养。
- 具备从事印刷操作相关工作的细致耐心、吃苦耐劳的职业精神,逐渐养成爱岗敬业、认真负责、严谨细致、精益求精的职业态度。
- 养成良好的团队合作意识,积极参与团队学习与实践,主动协助同伴完成任务,提高人际沟通能力。
- 严格遵守实训室设备的使用规定和设备操作规范,养成良好的安全操作习惯。

(二)职业能力目标

- 能根据平版印刷流程合理安排印刷操作过程。
- 能完成印刷材料准备工作。
- 能根据纸张规格调节输纸与收纸装置。
- 能按要求安装和校正印版。
- 能完成印刷操作并获取样张。
- 能调节墨色和控制水墨平衡。
- 能根据印刷情况调节纸张及油墨印刷适性。
- 能进行印刷后整理工作。

四、课程内容与要求

学习任务	技能与学习要求	知识与学习要求	参考学时
1. 平版印刷流程认知	1. 平版印刷流程安排 ● 能识别平版印刷机的种类 ● 能根据平版印刷流程合理安排印刷操作过程	1. 平版印刷的发展情况 ● 说出平版印刷的发展史 ● 阐述平版印刷的现状与发展前景 2. 平版印刷的原理、特点及工艺流程 ● 简述平版印刷的原理 ● 说明平版印刷的特点 ● 说出平版印刷的工艺流程	8

（续表）

学习任务	技能与学习要求	知识与学习要求	参考学时
1. 平版印刷流程认知	2. 印刷色序安排 ● 能根据印刷条件合理安排印刷色序	3. 印刷色序安排的原则和特点 ● 简述安排印刷色序的原则 ● 举例说明常用的印刷色序 4. 印刷色序安排的特点 ● 归纳单色机、双色机常用印刷色序的特点 ● 简述四色机常用印刷色序的特点	
	3. 文明安全生产准备 ● 能正确识别平版印刷机上常见的警示标志 ● 能识别停锁保险开关的位置 ● 能熟练识别和使用常用工具	5. 文明与安全生产的基本要求 ● 归纳平版印刷机安全操作的注意事项 ● 复述印刷机停锁保险开关的位置 ● 列举平版印刷机上常见警示标志所出现的位置 6. 常用工具的种类和使用方法 ● 概述常用工具的种类 ● 解释常用工具的使用方法 7. 环境保护的相关知识 ● 简述环境保护中节能减排的概念 ● 举例说明环境保护的方法	
2. 印刷材料准备	1. 印刷纸张选用 ● 能根据施工单选用印刷纸张 ● 能根据施工单检查和测量纸张的规格尺寸 ● 能识别并剔除残缺纸张	1. 印刷施工单的作用和基本内容 ● 说出印刷施工单的作用 ● 归纳印刷施工单的基本内容 2. 纸张准备的目的、内容和要求 ● 说明纸张准备的目的 ● 说出纸张准备的内容 ● 概述纸张准备的要求	16
	2. 印版及橡皮布选用 ● 能熟练鉴别平版印版色别、网点形状、网点角度、加网线数、印版脏点 ● 能对印版进行除脏、擦胶处理 ● 能根据印刷要求选用印版 ● 能根据印刷要求选用橡皮布及衬垫	3. 印版选用的方法和要求 ● 说出印版色别、网点形状、网点角度、加网线数、印版脏点的鉴别（处理）方法 ● 列举选用印版的要求 4. 印版保护的要点 ● 说明涂布保护胶的作用 ● 列举涂布保护胶的注意事项 5. 橡皮布及衬垫材料的使用要求 ● 说明橡皮布的质量要求 ● 简述橡皮布的使用要求 ● 归纳衬垫材料的质量要求 ● 复述衬垫材料的使用要求	

（续表）

学习任务	技能与学习要求	知识与学习要求	参考学时
3. 印刷机准备	1. 平版印刷机智能系统预设 ● 能预设承印物的规格尺寸 ● 能根据印版图文分布情况预设润湿液用量 ● 能根据印版图文分布情况预设油墨用量 ● 能按照操作规程对平版印刷机的其他自动化装置进行设置 ● 能按照操作规范对平版印刷机进行常规检查	1. 印刷机控制按键的作用 ● 说出印刷机控制面板按钮的名称和作用 ● 列举润湿液用量预设的方法 ● 记住油墨用量预设的方法 ● 复述干燥系统参数预设的方法 2. 印刷机常规检查的要点与方法 ● 归纳印刷机常规检查的要点 ● 说出印刷机常规检查的方法	44
	2. 输纸装置调节 ● 能根据印刷要求调节输纸堆位置 ● 能根据纸张规格调节纸张分离机构各部件位置 ● 能根据纸张规格调节纸张输送机构各部件位置及压力 ● 能根据纸张规格调节分纸机构风量 ● 能根据纸张规格调节前规和侧规位置 ● 能按纸张厚度调节双张检测器	3. 输纸部件的调节方法及要求 ● 说出纸张分离机构各部件的调节方法及要求 ● 归纳纸张输送机构各部件的调节方法及要求 ● 说明分纸机构风量的调节方法及要求 ● 简述输纸堆位置的调节方法及要求 4. 前规、侧规的调节方法及要求 ● 列举前规的调节方法及要求 ● 解释侧规的调节方法及要求 5. 双张控制器的调节方法及要求 ● 解释双张控制器的调节方法 ● 说明双张控制器的调节要求	
	3. 拆装印版 ● 能对平版印版进行打孔和弯版操作 ● 能检查并清除印版表面脏迹 ● 能按规范步骤熟练拆、装印版	6. 印版打孔、弯版的方法和要求 ● 说明印版打孔的方法及要求 ● 说明印版弯版的方法和要求 7. 拆、装印版的步骤及要求 ● 简述规范拆卸印版的步骤及要求 ● 简述规范安装印版的步骤及要求	
	4. 收纸装置调节 ● 能按照纸张规格调节收纸装置各部件的位置 ● 能根据产品质量要求调节喷粉量 ● 能调节吹、吸风量 ● 能收齐纸堆	8. 收纸装置的调节要求 ● 说明收纸装置各部件的调节要求 ● 解释印刷收纸的要求 9. 收纸装置的调节方法 ● 说明收纸装置各部件的调节方法 ● 说出喷粉装置的调节方法	

(续表)

学习任务	技能与学习要求	知识与学习要求	参考学时
3. 印刷机准备	5. 印刷压力调节 ● 能根据印刷条件设定平版印刷压力 ● 能根据设备要求测量衬垫厚度 ● 能根据产品要求选择衬垫类型 ● 能使用螺旋测微器测量衬垫厚度 ● 能使用筒径仪测量橡皮布表面与滚枕的高度差	10. 印刷压力设定的方法 ● 说出印刷压力设定的方法 ● 归纳影响印刷压力的因素 ● 解释计算印刷压力的方法 11. 印刷压力调节的方法 ● 解释常用衬垫的应用范围 ● 说明测量衬垫厚度的方法 ● 说明筒径仪的使用方法 ● 复述印刷压力的调节方法	
4. 印刷实施	1. 印刷作业 ● 能规范开启、关闭印刷机 ● 能抽取印刷样张 ● 能补充润湿液 ● 能添加油墨	1. 印刷机开、关机的顺序及注意事项 ● 复述开机操作顺序及注意事项 ● 说明关机操作顺序及注意事项 2. 添加油墨、润湿液的方法和要求 ● 说出添加油墨的方法和要求 ● 复述补充润湿液的方法和要求	56
	2. 校正印版 ● 能判断各色印版是否精确套准 ● 能熟练调节印刷图文在纸张上的位置 ● 能根据产品质量要求校准印版	3. 校正印版的方法、步骤及要求 ● 简述印张套准的识别方法 ● 列举校正印版的三种方法 ● 说出规范套印"十字"线的步骤及要求	
	3. 墨色调节 ● 能判别印张与标准样的色差 ● 能根据样张初步调节各色的墨量 ● 能正确使用密度仪检测印品色差 ● 能根据印张的色差对墨量进行初步调节 ● 能灵活调整印张墨量并达到印刷质量要求	4. 墨色调节的要求与注意事项 ● 解释密度仪的使用方法 ● 说出判别印张与样张色差的要点 ● 说明墨量的调节原理 ● 列举墨量调节的注意事项	
	4. 水墨平衡调节 ● 能对版面水分进行鉴别及调节 ● 能观察印刷质量并初步控制水墨平衡 ● 能灵活调节印刷品的水墨平衡并达到印刷质量要求	5. 水墨平衡调节的原理及要求 ● 归纳版面水分的鉴别及调节方法 ● 说出影响润湿液用量的因素 ● 简述水量调节不当产生的弊病 ● 说明水墨平衡的原理及要求	

（续表）

学习任务	技能与学习要求	知识与学习要求	参考学时
5. 印刷适性调节	1. 纸张印刷适性调节 ● 能处理纸张脱粉、掉毛故障 ● 能处理纸张变形故障 ● 能正确排除剥纸故障	1. 纸张印刷适性调节的内容和原因 ● 说出纸张印刷适性调节的内容 ● 说明纸张变形、脱粉、掉毛及剥纸的原因 2. 纸张印刷适性调节的方法 ● 说出纸张变形的处理方法 ● 说明纸张脱粉、掉毛的处理方法 ● 简述剥纸的处理方法	12
	2. 油墨印刷适性调节 ● 能根据印刷情况选择油墨常用添加剂 ● 能根据印品质量调节油墨印刷适性	3. 油墨印刷适性调节 ● 列举调整油墨黏度需考虑的因素 ● 简述控制油墨流动性的参考条件 ● 说出影响油墨干燥的因素 ● 解释调节油墨流动性能及干燥性能的方法	
6. 印刷后整理	1. 印刷产品保管 ● 能正确对样张、成品、半成品进行保管	1. 印刷产品保管的要求及注意事项 ● 说出样张、成品和半成品的保管要求 ● 说明样张、成品和半成品的保管注意事项	8
	2. 印刷耗材整理 ● 能规范完成油墨及印版、橡皮布整理	2. 印刷耗材整理的要求及注意事项 ● 列举油墨、印版及橡皮布的整理要求 ● 解释油墨、印版及橡皮布存放的注意事项	
	3. 印刷机清洁 ● 能检查并清除印刷滚筒污垢 ● 能选择合适的清洁剂并规范完成输墨系统的清洗 ● 能熟练清洗水斗及水辊 ● 能规范完成平版印刷机台周围的清洁工作	3. 印刷机清洁的方法 ● 说出印刷滚筒清洁的方法 ● 说出清洗输墨系统、水斗及水辊的方法 4. 印刷机清洁的要求 ● 简述印刷滚筒清洁的要求 ● 说出清洗输墨系统、水斗及水辊的要求 ● 简述印刷环境的清洁范围	
总学时			144

五、 实施建议

(一)教材编写与选用建议

1. 应依据本课程标准编写教材或选用教材,从国家和市级教育行政部门发布的教材目录中选用教材,优先选用国家和市级规划教材。

2. 教材要充分体现育人功能,紧密结合教材内容、素材,有机融入课程思政要求,将课程思政内容与专业知识、技能有机统一。

3. 转变以教师为中心的传统教材观,教材编写应以学生的"学"为中心,遵循学生学习的特点与规律,以学生的思维方式设计教材结构、组织教材内容。

4. 应以印刷实施职业能力的逻辑关系为线索,按照印刷实施职业能力培养由易到难、由简单到复杂、由单一到综合的规律,搭建教材的结构框架,确定教材各部分的目标、内容,以及进行相应的学习任务、活动设计等,从而建立起一个结构清晰、层次分明的教材结构体系。

5. 教材在整体设计和内容选取时,要注重引入行业发展的新业态、新知识、新技术、新工艺、新方法,对接相应的职业标准和岗位要求,贴近工作实际,体现先进性和实用性,创设或引入职业情境,增强教材的职场感。

6. 教材应以学生为本,增强对学生的吸引力,贴近岗位技能与知识的要求,符合学生的认知。采用生动活泼的、学生乐于接受的语言和案例等形式呈现内容,使学生在使用教材时有亲切感、真实感。

7. 教材应注重实践内容的可操作性,强调在操作中理解与应用理论。

(二)教学实施建议

1. 切实推进课程思政在教学中的有效落实,寓价值观引导于知识传授和能力培养之中,帮助学生塑造正确的世界观、人生观、价值观。深入梳理教学内容,结合课程特点,深入挖掘课程内容中的思政元素,把思政教学与专业知识、技能教学融为一体,达到润物无声的育人效果。

2. 充分体现职业教育"实践导向、任务引领、理实一体、做学合一"的课改理念,紧密联系行业的实际应用,以印刷实施岗位的典型任务为载体,加强理论教学与实践教学的结合,充分利用各种实训场所与设备,以学生为教学主体,以能力为本位,以职业活动为导向,以专业技能为核心,使学生在做中学、学中做,引导学生进行实践和探索,注重培养学生的实际操作能力、分析问题和解决问题的能力。

3. 牢固树立以学生为中心的教学理念,充分尊重学生。教师应成为学生学习的组织者、指导者和同伴,遵循学生的认知特点和学习规律,围绕学生的"学"设计教学活动。

4. 改变传统的灌输式教学,充分调动学生学习的积极性、能动性,采取灵活多样的教学方式,积极探索自主学习、合作学习、探究式学习、问题导向式学习、体验式学习、混合式学习等体现教学新理念的教学方式,提高学生学习的兴趣。

5. 依托多元的现代信息技术手段,将其有效运用于教学,改进教学方法与手段,提升教学效果。

6. 注重技能训练及重点环节的教学设计,每次活动都力求使学生上一个新台阶,技能训练既有连续性又有层次性。

7. 注重培养学生良好的操作习惯,把标准意识、规范意识、质量意识、安全意识、环保意识、服务意识、职业道德和敬业精神融入教学活动,促进学生综合职业素养的养成。

(三)教学评价建议

1. 以课程标准为依据,开展基于标准的教学评价。

2. 以评促教、以评促学,通过课堂教学及时评价,不断改进教学手段。

3. 教学评价始终坚持德技并重的原则,构建德技融合的专业课教学评价体系,把思政和职业素养的评价内容与要求细化为具体的评价指标,有机融入专业知识与技能的评价指标体系,形成可观察、可测量的评价量表,综合评价学生学习情况。

4. 本课程的考核内容主要包括理论知识模块、职业素养模块以及操作技能模块。理论知识模块主要采用笔试方式进行评价。职业素养模块主要采用过程性评价方式,客观记录学生的遵章守纪、学习态度、规范意识、安全与环保意识、合作意识等情况。操作技能模块采用现场实际操作考核的方式,评价学生在印刷实施过程中的操作技能。

5. 注重日常教学中对学生学习的评价,充分利用多种过程性评价工具,如评价表、记录袋等,积累过程性评价数据,形成过程性评价与终结性评价相结合的评价模式。

6. 在日常教学中开展对学生学习的评价时,充分利用信息化手段,借助各类较成熟的教育评价平台,探索线上与线下相结合的评价模式。

(四)资源利用建议

1. 开发适合教学使用的多媒体教学资源库和多媒体教学课件、微课程、示范操作视频。

2. 充分利用网络资源,搭建网络课程平台,开发网络课程,实现优质教学资源共享。

3. 积极利用数字图书馆等资源,使教学内容多元化,以此拓展学生的知识和能力。

4. 充分利用行业企业资源,为学生提供阶段实训,让学生在真实的环境中实践,提升职业综合素质。

5. 充分利用印刷技术开放实训中心,将教学与实训合一,满足学生综合能力培养的要求。

数字印刷课程标准

▌课程名称

数字印刷

▌适用专业

中等职业学校印刷媒体技术专业

一、 课程性质

数字印刷是中等职业学校印刷媒体技术专业的一门专业核心课程,也是该专业的一门专业必修课程。其功能是使学生掌握数字印刷相关知识和技能,具备从事印刷行业相关岗位工作的基本职业能力。本课程是图形与图像处理、图文排版、印刷数字化流程的后续课程,为学生进一步学习印刷品后加工课程及开展岗位实习奠定基础。

二、 设计思路

本课程遵循任务引领、做学一体的原则,参照印刷操作员(数字印刷员)职业技能等级证书(五级/四级)的相关考核要求,根据印刷媒体技术专业相关职业岗位的工作任务和职业能力分析结果,以数字印刷工作相关的基础知识和基本技能为依据而设置。

课程内容紧紧围绕数字印刷所需要的职业能力要求,同时充分考虑本专业学生对相关理论知识的需要,融入印刷操作员(数字印刷员)职业技能等级证书(五级/四级)的相关考核要求。

课程内容的组织按照职业能力发展的规律,以数字印刷实施过程为主线,设置数字印刷设备及材料准备、数字印刷文件准备、数字印刷设备操作、数字印刷设备维护与保养、数字印刷质量检测 5 个学习任务。以任务为引领,通过任务整合相关知识、技能与态度,充分体现任务引领型课程的特点。

本课程建议学时数为 144 学时。

三、 课程目标

通过本课程的学习,学生能熟悉数码印刷设备、数码印刷材料、数码印刷操作流程等基础知识,掌握数字印刷印前的文件及耗材准备、数字印刷设备的校准和工艺流程设置、数字印刷品质量检测、印刷设备耗材更换和维护保养等相关技能,达到印刷操作员(数字印刷员)职业技能等级证书(五级/四级)的相关考核要求,并在此基础上达成以下职业素养和职业能力目标。

（一）职业素养目标

● 树立科学健康的审美观和积极向上的审美情趣,在学习和实践中逐渐扎实技术功底,不断加强艺术修养。

● 具备从事印刷操作相关工作的细致耐心、吃苦耐劳的职业精神,逐渐养成爱岗敬业、认真负责、严谨细致、精益求精的职业态度。

● 养成良好的团队合作意识,积极参与团队学习与实践,主动协助同伴完成任务,提高人际沟通能力。

● 严格遵守实训室设备的使用规定和设备操作规范,养成良好的安全操作习惯。

（二）职业能力目标

● 能识别常用的数字印刷设备。

● 能识别不同类型数字印刷机上使用的承印物类型和规格。

● 能制作不同类型数字印刷机上使用的不同印刷产品的印前输出文件。

● 能操作常用的数字印刷机。

● 能对常用的数字印刷机进行色彩维护。

● 能对常用数码印刷设备进行耗材更换。

● 能对常用数字印刷设备进行基本的维护。

● 能判断数字印刷印品的品质。

四、 课程内容与要求

学习任务	技能与学习要求	知识与学习要求	参考学时
1. 数字印刷设备及材料准备	1. 认识数字印刷机 ● 能识别常用的数字印刷设备 ● 能根据不同的使用场景选择合适的数字印刷机	1. 数字印刷的发展情况 ● 说出数字印刷的发展史 ● 阐述数字印刷的现状与发展前景 2. 数字印刷的原理、特点及工艺流程 ● 简述常用数字印刷的原理 ● 说明数字印刷的特点 ● 说出常用数字印刷的工艺流程	16

学习任务	技能与学习要求	知识与学习要求	参考学时
1. 数字印刷设备及材料准备	2. 认识数字印刷常用承印物 ● 能根据施工单识别数字印刷承印物 ● 能根据印刷需求和数字印刷机的适用范围选用合适的纸张	3. 数字印刷承印物的类型和要求 ● 列举数字印刷承印物的类型 ● 说出不同类型数字印刷机上使用承印物的要求 4. 纸张的适用范围 ● 列举常用纸张的品种及适用范围 ● 说出数字印刷用纸的选用原则	
2. 数字印刷文件准备	1. 作业文件准备 ● 能对数字印刷作业的格式进行转换 ● 能进行二页或四页的拼版 ● 能进行双面拼版、自翻版拼版 ● 能手动添加印刷标记	1. 常用印刷作业格式的类型和特点 ● 说明常用印刷作业格式的类型 ● 说明常用印刷作业格式的特点 2. 常用印刷作业格式的转换方法 ● 解释常用印刷作业格式的转换方法 ● 了解PDF格式的标准及优点 3. 自翻版拼版的特点及应用 ● 说出自翻版拼版的优点 ● 说出自翻版拼版的应用范围 ● 说出自翻版拼版的优点及应用 4. 印刷标记的作用 ● 列举常用的印刷标记 ● 说出印刷标记的作用	20
	2. 便携式文件格式（PDF文件）输出 ● 能对印刷作业的格式进行正确转换（转换成多页PDF格式） ● 能按要求对便携式文件格式（PDF）文件进行预检	5. 文件格式的转换方法及注意事项 ● 不同文件格式转换成PDF格式的方法 ● 文件格式转换过程中的注意事项 6. 印前预检的方法与要求 ● 列举印前预检的内容 ● 列举印前预检的方法 ● 列举印前预检的要求	
	3. 整理、储存、备份印刷文件 ● 能根据生产通知单找到并选择印刷输出文件 ● 能命名印刷输出文件 ● 能备份已印刷输出文件 ● 能检索出印刷输出文件	7. 印刷输出文件的规范 ● 复述生产文件命名的原则及规范 ● 说出印刷输出文件的储存、备份及检索方法	

（续表）

学习任务	技能与学习要求	知识与学习要求	参考学时
3. 数字印刷设备操作	1. 数字印刷机准备 ● 能按照操作规范启动、关闭数字印刷设备 ● 能使用校色设备对数码印刷设备进行色彩校正 ● 能根据设备测试样张判断设备的印刷质量 ● 能根据测试样进行设备校正	1. 常用数字印刷机的开、关机流程 ● 说出常用数字印刷机的开、关机方法 ● 说出常用数字印刷机节电模式的设置方法 2. 常用数字印刷机的校色流程 ● 概述常用数字印刷机的校色方法 ● 概述常用数字印刷机的校色流程 3. 数字印刷机测试样张的使用方法 ● 识读数字印刷机测试样张的色彩 ● 说出数字印刷设备校正的方法	72
	2. 承印物的装载与设置 ● 能正确整理及装载承印物 ● 能在数字印刷系统中选择承印物参数 ● 能自定义纸库承印物参数	4. 承印物的整理及装载方法 ● 概述设备装载纸张的方法和流程 5. 数字印刷机纸库中承印物参数的设置方法 ● 说出纸库中承印物参数的设置方法	
	3. 作业印刷 ● 能运用局域网上传印刷作业到数字印刷机 ● 能运用流程控制软件进行印刷作业上传 ● 能对上传的文件进行管理 ● 能正确设置印刷参数	6. 作业文件上传的方法 ● 说明作业文件上传的方法 7. 印刷参数设置的方法和内容 ● 复述纸箱参数设置的方法和内容 ● 复述操作界面常规参数设置的内容	
	4. 基本故障排除 ● 能排除缺纸、卡纸故障 ● 能调整正反套准参数 ● 能根据样张对数码印刷机进行色彩调整 ● 能识别设备故障代码	8. 数字印刷机的故障类型及排除方法 ● 说出数字印刷机常见故障的类型 ● 阐述数字印刷机故障检查方法 ● 说出卡纸部位的结构名称 ● 概述设备中色彩调整的方法与步骤 9. 数字印刷机故障的原因及处理方法 ● 说出数字印刷机故障的原因 ● 阐述处理故障时的注意事项	
4. 数字印刷设备维护与保养	1. 更换耗材 ● 能对常用数码印刷设备更换呈色剂 ● 能根据设备提示对常用数码印刷设备更换耗材	1. 常用数码印刷设备的耗材 ● 简述呈色剂的储存方法 ● 简述常用耗材的储存方法 ● 简述耗材更换的方法	16

学习任务	技能与学习要求	知识与学习要求	参考学时
4. 数字印刷设备维护与保养	2. 印刷车间的环境维护 ● 能控制印刷车间的温度、湿度 ● 能对数字印刷设备进行全面清洁 ● 能正确储存三废(废油、废墨、废水)	2. 数字印刷生产环境的温湿度要求 ● 说出数字印刷生产环境的温湿度要求 ● 说出温湿度控制的方法 3. 数字印刷设备进行全面清洁的方法 ● 说出数字印刷机日常需要清理的项目和方法 4. 储存及处理三废的方法 ● 知道三废的危害 ● 知道三废的储存方法 ● 知道三废的处理方法	
	3. 常用数字印刷设备的基本维护和保养 ● 能对数字印刷设备进行基本的维护(如日维护、周维护、月维护、停机维护等)和保养	5. 常用数字印刷设备基本维护、保养的流程与方法 ● 说出数字印刷机日常维护的范围 ● 说出数字印刷机日常保养的流程与方法	
5. 数字印刷质量检测	1. 印刷过程质量检测 ● 能检查印样的外观质量、尺寸 ● 能检测正反套印精度 ● 能通过目测判断抽样样张与数字印刷签样的颜色偏差 ● 能检查拼版质量	1. 印刷过程质量检测的内容和要求 ● 知道印样外观质量检测的要求,以及尺寸测量的方法 ● 概述正反套印认读的方法 ● 说出色偏的判断标准 ● 说出印后加工对拼版的要求 ● 说出监控印刷过程、改进印刷品质量的途径	20
	2. 成品质量检查 ● 能使用数字印刷检测设备进行数字印刷品检测	2. 数字印刷品质量分析标准和检测方法 ● 阐述检测和评价数字印刷质量的方法 ● 列举进行数字印刷质量检测的设备和仪器	
总学时			144

五、 实施建议

（一）教材编写与选用建议

1. 应依据本课程标准编写教材或选用教材，从国家和市级教育行政部门发布的教材目录中选用教材，优先选用国家和市级规划教材。

2. 教材要充分体现育人功能，紧密结合教材内容、素材，有机融入课程思政要求，将课程思政内容与专业知识、技能有机统一。

3. 转变以教师为中心的传统教材观，教材编写应以学生的"学"为中心，遵循学生学习的特点与规律，以学生的思维方式设计教材结构、组织教材内容。

4. 应以数字印刷职业能力的逻辑关系为线索，按照数字印刷职业能力培养由易到难、由简单到复杂、由单一到综合的规律，搭建教材的结构框架，确定教材各部分的目标、内容，以及进行相应的学习任务、活动设计等，从而建立起一个结构清晰、层次分明的教材结构体系。

5. 教材在整体设计和内容选取时，要注重引入行业发展的新业态、新知识、新技术、新工艺、新方法，对接相应的职业标准和岗位要求，贴近工作实际，体现先进性和实用性，创设或引入职业情境，增强教材的职场感。

6. 教材应以学生为本，增强对学生的吸引力，贴近岗位技能与知识的要求，符合学生的认知。采用生动活泼的、学生乐于接受的语言和案例等形式呈现内容，使学生在使用教材时有亲切感、真实感。

7. 教材应注重实践内容的可操作性，强调在操作中理解与应用理论。

（二）教学实施建议

1. 切实推进课程思政在教学中的有效落实，寓价值观引导于知识传授和能力培养之中，帮助学生塑造正确的世界观、人生观、价值观。深入梳理教学内容，结合课程特点，深入挖掘课程内容中的思政元素，把思政教学与专业知识、技能教学融为一体，达到润物无声的育人效果。

2. 充分体现职业教育"实践导向、任务引领、理实一体、做学合一"的课改理念，紧密联系行业的实际应用，以数字印刷岗位的典型任务为载体，加强理论教学与实践教学的结合，充分利用各种实训场所与设备，以学生为教学主体，以能力为本位，以职业活动为导向，以专业技能为核心，使学生在做中学、学中做，引导学生进行实践和探索，注重培养学生的实际操作能力、分析问题和解决问题的能力。

3. 牢固树立以学生为中心的教学理念，充分尊重学生。教师应成为学生学习的组织者、指导者和同伴，遵循学生的认知特点和学习规律，围绕学生的"学"设计教学活动。

4. 改变传统的灌输式教学，充分调动学生学习的积极性、能动性，采取灵活多样的教学方式，积极探索自主学习、合作学习、探究式学习、问题导向式学习、体验式学习、混合式学习

等体现教学新理念的教学方式,提高学生学习的兴趣。

5. 依托多元的现代信息技术手段,将其有效运用于教学,改进教学方法与手段,提升教学效果。

6. 注重技能训练及重点环节的教学设计,每次活动都力求使学生上一个新台阶,技能训练既有连续性又有层次性。

7. 注重培养学生良好的操作习惯,把标准意识、规范意识、质量意识、安全意识、环保意识、服务意识、职业道德和敬业精神融入教学活动,促进学生综合职业素养的养成。

(三) 教学评价建议

1. 以课程标准为依据,开展基于标准的教学评价。

2. 以评促教、以评促学,通过课堂教学及时评价,不断改进教学手段。

3. 教学评价始终坚持德技并重的原则,构建德技融合的专业课教学评价体系,把思政和职业素养的评价内容与要求细化为具体的评价指标,有机融入专业知识与技能的评价指标体系,形成可观察、可测量的评价量表,综合评价学生学习情况。通过有效评价,在日常教学中不断促进学生良好思想品德和职业素养的形成。

4. 注重日常教学中对学生学习的评价,充分利用多种过程性评价工具,如评价表、记录袋等,积累过程性评价数据,形成过程性评价与终结性评价相结合的评价模式。

5. 在日常教学中开展对学生学习的评价时,充分利用信息化手段,借助各类较成熟的教育评价平台,探索线上与线下相结合的评价模式。

(四) 资源利用建议

1. 开发适合教学使用的多媒体教学资源库和多媒体教学课件、微课程、示范操作视频。

2. 充分利用网络资源,搭建网络课程平台,开发网络课程,实现优质教学资源共享。

3. 积极利用数字图书馆等资源,使教学内容多元化,以此拓展学生的知识和能力。

4. 充分利用行业企业资源,为学生提供阶段实训,让学生在真实的环境中实践,提升职业综合素质。

5. 充分利用印刷技术开放实训中心,将教学与实训合一,满足学生综合能力培养的要求。

印刷品后加工课程标准

┃课程名称

印刷品后加工

┃适用专业

中等职业学校印刷媒体技术专业

一、 课程性质

印刷品后加工是中等职业学校印刷媒体技术专业的一门专业核心课程,也是该专业的一门专业必修课程。其功能是使学生掌握印刷品表面整饰技术及印后书刊本册制作技术相关工艺的工作原理、设备操作方法、质量弊病分析、故障排除方法等基础知识和基本技能,具备从事印品整饰及印后书刊装订相关工作的基本职业能力。本课程是图形与图像处理、图文排版、印刷实施、数字印刷等的后续课程,为学生进一步开展岗位实习奠定基础。

二、 设计思路

本课程遵循任务引领、做学一体的原则,参照印后制作员职业技能等级证书(五级/四级)的相关考核要求,根据印刷媒体技术专业相应职业岗位的工作任务和职业能力分析结果,以印后加工相关的基础知识和基本技能为依据而设置。

课程内容紧紧围绕完成印后加工技术相关工作领域中的印品整饰加工、书刊本册加工等工作任务应具备的职业能力要求,同时充分考虑本专业学生对覆膜、上光、烫印、印品裁切、折配页操作、骑马订制作、胶订制作等相关理论知识的需要,融入印后制作员职业技能等级证书(五级/四级)的相关考核要求。

课程内容的组织按照职业能力发展的规律,以印品整饰、书刊本册加工的典型工艺为逻辑主线,设置印品覆膜、印品上光、印品烫印、印品裁切、印品折页、书刊配页、印品骑马订、印品胶订 8 个学习任务。以任务为引领,通过任务整合相关知识、技能与态度,充分体现任务引领型课程的特点。

本课程建议学时数为 144 学时。

三、 课程目标

通过本课程的学习,学生能熟悉印品覆膜、印品上光、印品烫印、印品裁切、印品折页、书刊配页、印品骑马订和印品胶订等工艺的工作原理、操作调节步骤、材料识别、质量弊病鉴别、故障产生原因及排除方法等相关知识,掌握覆膜、上光、烫印、裁切、折页、配页、骑马订、胶订等工艺的生产操作和故障排除等技能,达到印后制作员职业技能等级证书(五级/四级)的相关考核要求,并在此基础上达成以下职业素养和职业能力目标。

(一)职业素养目标

● 树立科学健康的审美观和积极向上的审美情趣,在学习和实践中逐渐扎实技术功底,不断加强艺术修养。

● 具备从事印刷操作相关工作的细致耐心、吃苦耐劳的职业精神,逐渐养成爱岗敬业、认真负责、严谨细致、精益求精的职业态度。

● 养成良好的团队合作意识,积极参与团队学习与实践,主动协助同伴完成任务,提高人际沟通能力。

● 严格遵守实训室设备的使用规定和设备操作规范,养成良好的安全操作习惯。

(二)职业能力目标

● 能根据印品要求进行覆膜。

● 能根据覆膜质量标准解决常见覆膜弊病。

● 能根据印品要求进行上光。

● 能根据上光质量标准解决常见上光弊病。

● 能根据印品要求进行烫印。

● 能根据烫印质量标准解决烫印常见质量弊病。

● 能根据印品要求操作切纸机。

● 能根据裁切产品质量标准解决裁切产品质量弊病。

● 能根据纸张尺寸大小和书帖折页方法操作折页机。

● 能根据产品质量标准解决常见折页产品质量弊病。

● 能根据书帖厚薄及尺寸要求进行折配页。

● 能根据配页产品质量要求解决常见配页质量弊病。

● 能根据印品要求进行骑马订。

● 能根据骑马订质量要求解决常见骑马订质量弊病。

● 能根据印品要求进行胶装。

● 能根据胶粘装订产品质量标准解决胶订常见质量弊病。

四、 课程内容与要求

学习任务	技能与学习要求	知识与学习要求	参考学时
1. 印品覆膜	1. 覆膜前准备 ● 能根据印品的规格尺寸选择覆膜品种 ● 能预热机器 ● 能选择与灌注胶水 ● 能正确堆放印张	1. 覆膜材料的种类 ● 说明覆膜材料的种类 2. 机器预热的意义 ● 知道机器预热的意义 3. 胶水的种类 ● 说出胶水的种类 4. 印张堆放的方法 ● 描述印张堆放的方法	16
	2. 覆膜操作运行 ● 能启动、运转、停止覆膜机 ● 能监控输纸、收纸状况 ● 能调节覆膜机温度 ● 能调节覆膜机压力 ● 能控制胶水用量 ● 能调节覆膜机速度 ● 能正确堆放覆膜后的印张	5. 覆膜操作的运行方法与要求 ● 简述覆膜机的操作顺序 ● 说出覆膜机控制面板按钮的名称和作用 ● 复述覆膜机的安全操作规程 ● 说明输纸装置、收纸装置各部件的调节要求 6. 覆膜温度、压力和速度的调节与相关要求 ● 说出温度的调节方法和相关要求 ● 说明温度对覆膜质量的影响 ● 说出压力的调节方法和相关要求 ● 说明压力对覆膜质量的影响 ● 说出速度的调节方法和相关要求 ● 说明速度对覆膜质量的影响 7. 覆膜操作注意事项 ● 说出薄膜切边的要求及注意事项 ● 说出卷膜装置操作的要求及注意事项	
	3. 覆膜产品质量弊病鉴别与排除 ● 能根据覆膜质量标准,识别不同的覆膜产品质量弊病 ● 能分析覆膜故障产生的原因 ● 能根据覆膜故障原因分析的结果正确排除故障	8. 覆膜的质量要求及检测方法 ● 列举合格覆膜产品的基本质量要求 ● 说出常见的覆膜产品质量故障 ● 知道覆膜弊病产生的原因 ● 说出覆膜质量的检测方法	

学习任务	技能与学习要求	知识与学习要求	参考学时
1. 印品覆膜	4. 设备清洗与维护 ● 能对热压力钢辊、硅胶辊进行正确清洗 ● 能对覆膜装置进行正确的维护保养	9. 设备清洗与维护方法 ● 说出预涂覆膜方式关键部位的清洗方法 ● 说出覆膜装置维护保养的内容	
2. 印品上光	1. 上光前准备 ● 能区分不同的上光工艺 ● 能根据上光要求选择正确的工艺流程 ● 能选用上光油和版材	1. 上光前的准备及要求 ● 列举整体上光与局部上光的相关知识 ● 列举上光方式的种类 ● 说出上光油的特性和使用方法 ● 说出印品上光准备的要求 ● 概述上光环境的基本要求	12
	2. 上光机操作运行 ● 能操作上光机的控制面板 ● 能启动、运转、停止上光机 ● 能装纸、收纸 ● 能添加上光油 ● 能规范开启、关闭排废装置 ● 能完成基本的上光操作	2. 上光机操作运行的方法与要求 ● 简述上光机的操作顺序 ● 说出上光机控制面板按钮的名称和作用 ● 复述上光机的安全、环保操作规程 ● 说出上光涂布控制装置的工作原理 ● 说出上光的工作步骤	
	3. 上光质量弊病的鉴别与排除 ● 能根据上光质量标准识别不同的上光产品质量弊病 ● 能分析上光故障产生的原因 ● 能根据上光故障原因分析的结果正确排除故障	3. 上光的质量要求及常见故障 ● 列举合格上光产品的基本质量要求 ● 说出上光产品的检验方法 ● 说出常见的上光产品质量故障 ● 说明上光产品常见质量弊病产生的原因及排除方法	
	4. 设备清洗与维护 ● 能清洗涂辊、橡皮布和滚筒表面	4. 设备清洗、维护与保养方法 ● 简述上光装置清洗的要求 ● 说出上光装置维护保养的内容	
3. 印品烫印	1. 烫印工艺流程设计 ● 能识别烫印种类 ● 能根据印刷品要求设计烫印工艺流程	1. 烫印的原理、特点及工艺流程 ● 简述烫印的原理 ● 说明普通烫、立体烫和数字烫的特点 ● 说出烫印的工艺流程	20

（续表）

学习任务	技能与学习要求	知识与学习要求	参考学时
3. 印品烫印	2. 烫印版和烫印材料准备 ● 能正确选择烫印版材 ● 能正确选择烫印版 ● 能根据烫印产品选用不同的烫印材料 ● 能识别烫印版的质量缺陷	2. 烫印版及烫印材料的类型和组成 ● 列举不同烫印版材的使用要求 ● 列举烫印版的种类及其制作方法 ● 列举主要烫印材料的种类 ● 列举烫印版常见的质量缺陷	
	3. 烫印温度、压力、速度调节 ● 能进行烫印温度调节 ● 能进行烫印压力调节 ● 能进行烫印速度调节	3. 烫印温度、压力、速度调节的方法和要求 ● 说出烫印温度调节的方法 ● 说出烫印压力调节的方法 ● 说出垫补压力的操作要求 ● 说出烫印速度的调节方法	
	4. 烫印操作运行 ● 能操作控制面板、操作界面 ● 能启动、运转、停止烫金机 ● 能判断烫印位置是否正确 ● 能依据样张烫印效果进行校正	4. 烫印操作运行方法与要求 ● 说出烫金机控制面板按钮的名称和作用 ● 简述烫金机的操作顺序 ● 复述烫金机的安全操作规程 ● 简述烫印套准的识别方法 ● 列举校正烫印位置的方法	
	5. 烫印产品质量弊病鉴别与排除 ● 能根据烫印质量标准识别不同的烫印故障 ● 能简单分析烫印故障产生的原因 ● 能根据烫印故障原因分析的结果简单排除故障	5. 上光的质量要求及常见故障 ● 列举合格烫印产品的基本质量要求 ● 说出常见的烫印产品质量故障类型 ● 说明常见烫印质量故障产生的原因及排除方法	
4. 印品裁切	1. 印品裁切前处理 ● 能把印张理齐后堆放整齐 ● 能识别印张的咬口和侧规 ● 能将理齐的印张正确摆放在裁切输纸台上	1. 印品裁切前处理的要求 ● 说出手工整平印张的方法及注意事项 ● 解释裁切基准面定位的方式与要求 ● 说明印张装入切纸机的方法及要求	16
	2. 裁切操作运行 ● 能操作控制面板、操作界面 ● 能根据印张基准面进行裁纸定位 ● 能将裁切数据输入到切纸机 ● 能启动、运转、停止切纸机 ● 能对印品进行正确裁切 ● 能平整、正确地堆叠裁切下的成品	2. 裁切操作方法与要求 ● 说出切纸机控制面板按钮的名称和作用 ● 简述裁切标志设置方法与要求 ● 复述切纸机的安全操作规程 ● 列举裁切操作应遵循的原则 ● 说出裁切操作注意事项与要求 ● 说出裁切下的成品的堆放方法与要求	

学习任务	技能与学习要求	知识与学习要求	参考学时
4. 印品裁切	3. 裁切产品质量弊病鉴别与排除 ● 能根据裁切质量标准检验裁切质量 ● 能分析裁切规格不准故障产生的原因 ● 能根据裁切故障原因分析的结果对简单的故障进行正确排除	3. 裁切质量要求 ● 说出裁切质量要求 ● 说出裁切规格尺寸精度要求 ● 列举裁切质量的检验方法 ● 简述影响裁切质量的因素 4. 裁切常见故障的原因及排除方法 ● 说明常见质量故障产生的主要原因 ● 说出常见质量弊病排除方法	
5. 印品折页	1. 印张整理 ● 能将所折印张理齐后堆放整齐 ● 能对卷曲印张进行平整 ● 能将理齐的印张按折页方法、排版顺序堆积或摆放在输纸台上 ● 能识别并检查出不合格品	1. 印张整理的要求 ● 说出手工理齐印张的方法及要求 ● 简述理纸的方法和要求 ● 解释堆纸的注意事项 ● 列举印张表面不合格品的检查方法	20
	2. 印品折页 ● 能根据产品的特点选择折页方式 ● 能熟练整理印张	2. 印品折页的概念与方法 ● 说明印品折页的概念 ● 说出印品折页的方法	
	3. 折页机操作 ● 能操作控制面板、操作界面 ● 能正确调节折页机误差 ● 能操作折页机	3. 折页机的工作原理与折页工艺 ● 说明折页机的工作原理 ● 复述常用的折页工艺 4. 折页操作方法与要求 ● 说出折页机控制面板按钮的名称和作用 ● 复述折页机开机、关机的操作顺序及注意事项 ● 复述折页机的操作方法和安全操作规程	
	4. 捆扎机操作与调节 ● 能正确操作捆扎机 ● 能初步调节捆扎机	5. 捆扎机调节的原理与方法 ● 说明捆扎机调节的原理 ● 说出捆扎机调节的方法	

(续表)

学习任务	技能与学习要求	知识与学习要求	参考学时
5. 印品折页	5. 折页故障识别与排除 ● 能根据折页质量标准识别不同的折页故障 ● 能分析折页故障产生的原因 ● 能根据折页故障原因分析结果简单排除故障	6. 折页的质量要求及常见故障 ● 列举折页合格产品的基本质量要求 ● 说出常见的折页产品质量故障类型 ● 说出常见折页故障产生的原因及排除方法	
	6. 折页机维护与保养 ● 能初步维护与保养折页机	7. 折页机维护与保养的方法 ● 知道折页机维护与保养的方法	
6. 书刊配页	1. 书刊配页 ● 能按照客户要求正确排列书帖顺序	1. 书刊配页的方法 ● 说明折标的作用 ● 说出书刊配页的方法 2. 书刊配页的步骤 ● 复述书刊配页的步骤	16
	2. 样本检查 ● 能按要求检查样本的质量	3. 样本检查的方法与步骤 ● 说出样本检查的方法 ● 复述样本检查的步骤	
	3. 书帖整理 ● 能按要求整理书帖 ● 能按要求贮放书帖和续帖 ● 能按顺序进行粘、套、插页 ● 能检查并剔出书帖折反、串版等差错	4. 书帖整理的方法与步骤 ● 说出书帖整理的方法 ● 复述书帖整理的步骤 ● 说出粘、套、插页的操作方法与要求 ● 简述书帖折反、串版等差错的检查方法	
	4. 配页操作 ● 能规范开启、关闭配页机 ● 能按照书芯帖规格调节配页收帖各部件的位置	5. 配页的操作方法与要求 ● 复述配页机的操作方法和安全操作规程 ● 说明配页收帖装置各部件的调节方法	
	5. 配页故障识别与排除 ● 能用折标检查配后书册的错帖、多帖、少帖等差错	6. 配页的质量要求 ● 说出配页后书册的检查方法与要求	
	6. 配页机维护与保养 ● 能初步维护与保养配页机	7. 配页机维护与保养的方法 ● 说明维护与保养配页机的方法和流程	

学习任务	技能与学习要求	知识与学习要求	参考学时
7. 印品骑马订	1. 骑马订操作准备 ● 能识别不同的铁丝型号 ● 能正确安装和拆卸铁丝盘 ● 能根据铁丝输送方向正确穿插铁丝 ● 能将书帖、封面按顺序理齐后放置在储帖台上 ● 能调节储帖台挡规并按要求连续储帖	1. 骑马订操作准备工作与要求 ● 列举铁丝线径的选择及要求 ● 说出铁丝盘的安装和拆卸方法与要求 ● 简述骑马订铁丝的引导路径 ● 说出储帖台上封面、书帖理齐的方法与要求 ● 复述储帖的基本要求和注意事项	20
	2. 骑马订操作 ● 能判断订联方法、配页方法 ● 能熟练操作单头订书机 ● 能进行印品骑马订	2. 骑马订制作的方法与要求 ● 阐述订联方法和配页方法的概念 ● 说出骑马订的适用范围 ● 复述单头订书机的操作方法和安全操作规程	
	3. 骑马订质量弊病识别与排除 ● 能根据骑马订质量标准识别不同的骑马订故障 ● 能简单分析骑马订故障产生的原因 ● 能根据骑马订故障原因分析结果简单排除故障	3. 骑马订的质量要求及常见故障 ● 列举合格骑马订产品的基本质量要求 ● 说出常见的骑马订产品质量故障类型 ● 说明骑马订常见质量故障产生的原因及排除方法	
8. 印品胶订	1. 胶订操作准备 ● 能按要求选用胶订工艺 ● 能按要求选择合适的胶订机 ● 能根据纸张的厚薄选用胶水 ● 能正确设置热熔胶的预热温度 ● 能正确设置匀胶棒温度 ● 能精确测量书芯厚度	1. 胶订的原理与适用范围 ● 简述胶订的工作原理 ● 说明胶订的适用范围 2. 胶水的作用 ● 说明胶水的作用 3. 书芯厚度测量的方法和要求 ● 说出书芯厚度测量的方法和要求	24
	2. 上胶机构调整 ● 能正确设置底胶锅、侧胶锅、匀胶棒的温度 ● 能根据书芯尺寸调节底胶长度 ● 能根据书芯厚度调节底胶厚度 ● 能根据书芯尺寸调节侧胶长度 ● 能根据书芯规格调节侧胶宽度	4. 上胶机构调整的方法与要求 ● 复述上胶机构的温度设置及注意事项 ● 说出底胶长度调节的方法与要求 ● 说出底胶厚度调节的方法与要求 ● 说出侧胶长度调节的方法与要求 ● 说出侧胶宽度调节的方法与要求	

（续表）

学习任务	技能与学习要求	知识与学习要求	参考学时
8. 印品胶订	3. 上封机构调整 ● 能根据书芯厚度对封面定位痕线进行划样 ● 能调整输封台定位规矩 ● 能调节压痕线宽度 ● 能调节压痕压力	5. 上封机构调整的方法与要求 ● 简述封面四根压痕线的划样方法与要求 ● 说明输封台左规矩、右规矩、下规矩的调整方法和要求 ● 说出书脊正压痕线和翻阅反压痕线的定位方法和要求 ● 说出压痕线深度的调节方法和要求	
	4. 胶订机操作运行 ● 能操作控制面板、操作界面 ● 能启动、运转、停止胶订机 ● 能规范开启、关闭吸纸屑和排废装置 ● 能添加热熔胶 ● 能调节上胶机构 ● 能调节上封机构 ● 能熟练套准封面背字居中位置	6. 上胶、上封机构调整的方法与要求 ● 复述上胶机构的温度设置及注意事项 ● 复述上封机构调整的方法与要求 7. 胶订机操作运行的方法与要求 ● 简述胶订机的操作顺序 ● 复述胶订机的安全操作规程 ● 说出添加热熔胶的方法和要求 ● 说出规范套准封面背字居中位置的步骤及要求	
	5. 胶订质量弊病识别与排除 ● 能根据胶订质量标准识别不同的胶订故障 ● 能简单分析胶订故障产生的原因 ● 能根据胶订故障原因分析结果简单排除故障	8. 胶订的质量要求及常见故障 ● 列举合格胶订产品的基本质量要求 ● 说出常见胶订产品质量故障类型 ● 说明常见胶订质量故障产生的原因	
总学时			144

五、 实施建议

（一）教材编写与选用建议

1. 应依据本课程标准编写教材或选用教材，从国家和市级教育行政部门发布的教材目录中选用教材，优先选用国家和市级规划教材。

2. 教材要充分体现育人功能，紧密结合教材内容、素材，有机融入课程思政要求，将课程思政内容与专业知识、技能有机统一。

3. 转变以教师为中心的传统教材观，教材编写应以学生的"学"为中心，遵循学生学习的特点与规律,以学生的思维方式设计教材结构、组织教材内容。

4. 应以印刷品后加工职业能力的逻辑关系为线索,按照印刷品后加工职业能力培养由易到难、由简单到复杂、由单一到综合的规律,搭建教材的结构框架,确定教材各部分的目标、内容,以及进行相应的学习任务、活动设计等,从而建立起一个结构清晰、层次分明的教材结构体系。

5. 教材在整体设计和内容选取时,要注重引入行业发展的新业态、新知识、新技术、新工艺、新方法,对接相应的职业标准和岗位要求,贴近工作实际,体现先进性和实用性,创设或引入职业情境,增强教材的职场感。

6. 教材应以学生为本,增强对学生的吸引力,贴近岗位技能与知识的要求,符合学生的认知。采用生动活泼的、学生乐于接受的语言和案例等形式呈现内容,使学生在使用教材时有亲切感、真实感。

7. 教材应注重实践内容的可操作性,强调在操作中理解与应用理论。

(二) 教学实施建议

1. 切实推进课程思政在教学中的有效落实,寓价值观引导于知识传授和能力培养之中,帮助学生塑造正确的世界观、人生观、价值观。深入梳理教学内容,结合课程特点,深入挖掘课程内容中的思政元素,把思政教学与专业知识、技能教学融为一体,达到润物无声的育人效果。

2. 充分体现职业教育"实践导向、任务引领、理实一体、做学合一"的课改理念,紧密联系行业的实际应用,以印刷品后加工岗位的典型任务为载体,加强理论教学与实践教学的结合,充分利用各种实训场所与设备,以学生为教学主体,以能力为本位,以职业活动为导向,以专业技能为核心,使学生在做中学、学中做,引导学生进行实践和探索,注重培养学生的实际操作能力、分析问题和解决问题的能力。

3. 牢固树立以学生为中心的教学理念,充分尊重学生。教师应成为学生学习的组织者、指导者和同伴,遵循学生的认知特点和学习规律,围绕学生的"学"设计教学活动。

4. 改变传统的灌输式教学,充分调动学生学习的积极性、能动性,采取灵活多样的教学方式,积极探索自主学习、合作学习、探究式学习、问题导向式学习、体验式学习、混合式学习等体现教学新理念的教学方式,提高学生学习的兴趣。

5. 依托多元的现代信息技术手段,将其有效运用于教学,改进教学方法与手段,提升教学效果。

6. 注重技能训练及重点环节的教学设计,每次活动都力求使学生上一个新台阶,技能训练既有连续性又有层次性。

7. 注重培养学生良好的操作习惯,把标准意识、规范意识、质量意识、安全意识、环保意识、服务意识、职业道德和敬业精神融入教学活动,促进学生综合职业素养的养成。

(三)教学评价建议

1. 以课程标准为依据,开展基于标准的教学评价。

2. 以评促教、以评促学,通过课堂教学及时评价,不断改进教学手段。

3. 教学评价始终坚持德技并重的原则,构建德技融合的专业课教学评价体系,把思政和职业素养的评价内容与要求细化为具体的评价指标,有机融入专业知识与技能的评价指标体系,形成可观察、可测量的评价量表,综合评价学生学习情况。通过有效评价,在日常教学中不断促进学生良好思想品德和职业素养的形成。

4. 注重日常教学中对学生学习的评价,充分利用多种过程性评价工具,如评价表、记录袋等,积累过程性评价数据,形成过程性评价与终结性评价相结合的评价模式。

5. 在日常教学中开展对学生学习的评价时,充分利用信息化手段,借助各类较成熟的教育评价平台,探索线上与线下相结合的评价模式。

(四)资源利用建议

1. 开发适合教学使用的多媒体教学资源库和多媒体教学课件、微课程、示范操作视频。

2. 充分利用网络资源,搭建网络课程平台,开发网络课程,实现优质教学资源共享。

3. 积极利用数字图书馆等资源,使教学内容多元化,以此拓展学生的知识和能力。

4. 充分利用行业企业资源,为学生提供阶段实训,让学生在真实的环境中实践,提升职业综合素质。

5. 充分利用印刷技术开放实训中心,将教学与实训合一,满足学生综合能力培养的要求。

上海市中等职业学校专业教学标准开发
总项目主持人　谭移民

上海市中等职业学校
印刷媒体技术专业教学标准开发
项目组成员名单

项目组长　　钟　勇　　　　上海新闻出版职业技术学校
项目副组长　祁书艳　　　　上海新闻出版职业技术学校
项目组成员　（按姓氏笔画排序）
　　　　　　　　于士才　　　　上海新闻出版职业技术学校
　　　　　　　　余　竹　　　　上海新闻出版职业技术学校
　　　　　　　　张世佳　　　　上海新闻出版职业技术学校
　　　　　　　　肖　颖　　　　上海出版印刷高等专科学校
　　　　　　　　沈国荣　　　　上海出版印刷高等专科学校
　　　　　　　　范瑞琪　　　　上海新闻出版职业技术学校
　　　　　　　　顾嘉颖　　　　上海新闻出版职业技术学校

上海市中等职业学校
印刷媒体技术专业教学标准开发
项目组成员任务分工表

姓　名	所　在　单　位	承　担　任　务
钟　勇	上海新闻出版职业技术学校	印刷媒体技术专业调研、专业教学标准开发方案、实施计划、工作任务分析与专业课程设置匹配分析、教学标准审稿统筹
祁书艳	上海新闻出版职业技术学校	印刷媒体技术专业调研、课改调研报告统稿撰写、工作任务与职业能力分析、教学标准研究和撰写、文本审核和统稿 承担印刷概论、数字印刷、印刷品后加工课程标准研究与撰写
于士才	上海新闻出版职业技术学校	印刷媒体技术专业调研、工作任务与职业能力分析 承担印刷检测、印刷数字化流程课程标准研究与撰写
余　竹	上海新闻出版职业技术学校	印刷媒体技术专业调研、工作任务与职业能力分析 承担印刷实施、印刷工艺设计课程标准研究与撰写
张世佳	上海新闻出版职业技术学校	印刷媒体技术专业调研、工作任务与职业能力分析、教学标准文本校对 承担图文排版、印刷色彩基础与应用课程标准研究与撰写
肖　颖	上海出版印刷高等专科学校	工作任务与职业能力分析 承担印刷前准备、印刷数字化流程课程标准研究与撰写
沈国荣	上海出版印刷高等专科学校	工作任务与职业能力分析 承担印刷品后加工课程标准研究与撰写
范瑞琪	上海新闻出版职业技术学校	印刷媒体技术专业调研、工作任务与职业能力分析 承担印刷前准备、印刷机结构调节课程标准研究与撰写
顾嘉颖	上海新闻出版职业技术学校	印刷媒体技术专业调研、工作任务与职业能力分析 承担图形与图像处理、印前输出课程标准研究与撰写

图书在版编目（CIP）数据

上海市中等职业学校印刷媒体技术专业教学标准 / 上海
市教师教育学院（上海市教育委员会教学研究室）编. 上海：
上海教育出版社，2025.1. — ISBN 978-7-5720-3166-3

Ⅰ. TS801.8–41

中国国家版本馆CIP数据核字第2024U2K847号

责任编辑　荼文琼
封面设计　王　捷

上海市中等职业学校印刷媒体技术专业教学标准
上海市教师教育学院（上海市教育委员会教学研究室）　编

出版发行　上海教育出版社有限公司
官　　网　www.seph.com.cn
地　　址　上海市闵行区号景路159弄C座
邮　　编　201101
印　　刷　上海叶大印务发展有限公司
开　　本　787×1092　1/16　印张 8.25
字　　数　160 千字
版　　次　2025年3月第1版
印　　次　2025年3月第1次印刷
书　　号　ISBN 978-7-5720-3166-3/G·2800
定　　价　42.00 元

如发现质量问题，读者可向本社调换　电话：021-64373213